高等学校设计+人工智能（AI for Design）系列教材

U0645602

AIGC家具设计

王所玲　康军雁　编著

清华大学出版社
北京

内 容 简 介

本书深入剖析了人工智能生成内容（AIGC）技术在家具设计领域的前沿应用与创新突破。全书共分7章，系统阐述了AIGC的基本原理、发展历程、核心要素以及在家具设计中的多维度应用。书中结合丰富案例，展示了AIGC如何利用智能算法、大数据分析和虚拟仿真技术，为设计师提供创意灵感、优化设计方案，并推动个性化定制与智能化设计的发展。同时，本书探讨了AIGC在设计流程、材料选择、造型设计等方面的创新实践，以及目前面临的挑战与未来的发展趋势。

本书适合作为高等院校、职业院校艺术设计类家具设计与人工智能融合课程的专业教材，同时也适合作为家具设计爱好者、家具设计相关从业者的参考读物。

图书在版编目（CIP）数据

AIGC 家具设计 / 王所玲，康军雁编著 . -- 北京：
清华大学出版社，2025. 8. -- (高等学校设计 + 人工智能
（AI for Design）系列教材). -- ISBN 978-7-302-70199-6

Ⅰ. TS664.01-39

中国国家版本馆 CIP 数据核字第 202533TY56 号

责任编辑：田在儒
封面设计：张培源　姜　晓
责任校对：郭雅洁
责任印制：刘　菲

出版发行：清华大学出版社
　　　　　网　　　址：https://www.tup.com.cn，https://www.wqxuetang.com
　　　　　地　　　址：北京清华大学学研大厦A座　　　　　邮　　编：100084
　　　　　社 总 机：010-83470000　　　　　　　　　　　邮　　购：010-62786544
　　　　　投稿与读者服务：010-62776969，c-service@tup.tsinghua.edu.cn
　　　　　质量反馈：010-62772015，zhiliang@tup.tsinghua.edu.cn
　　　　　课件下载：https://www.tup.com.cn，010-83470410
印 装 者：小森印刷（天津）有限公司
经　　销：全国新华书店
开　　本：185mm×260mm　　　　印　　张：10.75　　　　字　　数：240千字
版　　次：2025年9月第1版　　　　印　　次：2025年9月第1次印刷
定　　价：69.00元

产品编号：107097-01

丛书编委会

主　编

董占军

副主编

顾群业　孙　为　张　博　贺俊波　吕群星

执行主编

张光帅　黄晓曼

评审委员（排名不分先后）

潘鲁生　黄心渊　李朝阳　王　伟　陈赞蔚

田少煦　王亦飞　蔡新元　费　俊　史　纲

编委成员（按姓氏笔画排序）

王　博	王亚楠	王志豪	王所玲	王晓慧	王凌轩	王颖惠
方　媛	邓　晰	卢　俊	卢晓梦	田　阔	丛海亮	冯　琳
冯秀彬	冯裕良	朱小杰	任　泽	刘　琳	刘庆海	刘海杨
孙　坚	牟　琳	牟堂娟	严宝平	杨　奥	李　杨	李　娜
李　婵	李广福	李珏茹	李润博	轩书科	肖月宁	吴　延
何　俊	闵媛媛	宋　鲁	张　牧	张　奕	张　恒	张丽丽
张牧欣	张培源	张雯琪	张阔麒	陈　浩	陈刘芳	陈美西
郑　帅	郑杰辉	孟祥敏	郝文远	荣　蓉	俞杰星	姜　亮
骆顺华	高　凯	高明武	唐杰晓	唐俊淑	康军雁	董　萍
韩　明	韩宝燕	温星怡	谢世煊	甄晶莹	窦培菘	谭鲁杰
颜　勇	戴敏宏					

丛书策划

田在儒

生成式人工智能技术的飞速发展，正在深刻地重塑设计产业与设计教育的面貌。2024 年（甲辰龙年）初春，由山东工艺美术学院联合全国二十余所高等学府精心打造的"高等学校设计＋人工智能（AI for Design）系列教材"应运而生。

本系列教材旨在培养具有创新意识与探索精神的设计人才，推动设计学科的可持续发展。本系列教材由山东工艺美术学院牵头，汇聚了五十余位设计教育一线的专家学者，他们不仅在学术界有着深厚的造诣，而且在实践中也积累了丰富的经验，确保了教材内容的权威性、专业性及前瞻性。

本系列教材涵盖了《人工智能导论》《人工智能设计概论》等通识课教材和《AIGC 游戏美宣设计》《AIGC 动画角色设计》《AIGC 游戏场景设计》《AIGC 工艺美术》等多个设计领域的专业课教材，为设计专业学生、教师及对 AI 在设计领域的应用感兴趣的专业人士，提供全面且深入的学习指导。本系列教材内容不仅聚焦于 AI 技术如何提升设计效率，更着眼于其如何激发创意潜能，引领设计教育的革命性变革。

当下的设计教育强调数据驱动、跨领域融合、智能化协同及可持续和社会化。本系列教材充分吸纳了这些理念，进一步推进设计思维与人工智能、虚拟现实等技术平台的融合，探索数字化、个性化、定制化的设计实践。

设计学科的发展要积极把握时代机遇并直面挑战，同时聚焦行业需求，探索多学科、多领域的交叉融合。因此，我们持续加大对人工智能与设计学科交叉领域的研究力度，为未来的设计教育提供理论及实践支持。

我们相信，在智能时代设计学科将迎来更加广阔的发展空间，为人类创造更加美好的生活和未来。在这样的时代背景下，人工智能正在重新定义"核心素养"，其中批判性思维水平将成为最重要的核心胜任力。本系列教材强调批判性思维的培养，确保学生不仅掌握生成式 AI 技术，更要具备运用这些技术进行创新和批判性分析的能力。正因如此，本系列教材将在设计教育中占有重要地位并发挥引领作用。

通过本系列教材的学习和实践，读者将把握时代脉搏，以设计为驱动力，共同迎接充满无限可能的元宇宙。

董占军

2024 年 3 月

在科技飞速发展的今天，人工智能（AI）正深刻改变着我们的生活，而人工智能生成内容（AIGC）技术更是成为家具设计领域的一股创新力量。AIGC 技术通过海量数据的学习与分析，能够快速生成多样化的设计方案，为设计师提供强大支持，使设计过程更高效、更具创造力。

AIGC 技术的发展经历了从 20 世纪 50 年代的萌芽到 21 世纪初深度学习的突破，再到 2020 年代超大规模预训练模型的兴起。如今，它已广泛应用于多个领域，家具设计也不例外。例如，宜家与 Panter & Tourron 合作推出的 *Couch in an Envelope*（装在信封里的沙发）作品，通过输入"扁平化""轻量级""可持续"等关键词，借助 AIGC 工具完成设计，展现了 AIGC 在创新设计和可持续发展方面的巨大潜力。

AIGC 技术的核心在于通过对海量设计案例、审美偏好、人体工程学数据和材料特性等信息的深度学习，快速生成符合用户需求的设计方案。这不仅缩短了设计周期，还突破了设计师个人创意的边界，注入了更多元化的创新元素，满足了市场日益多样化、个性化的需求。

然而，AIGC 技术在家具设计领域的应用也面临挑战。如何确保生成设计的原创性和版权归属？如何避免内容同质化，保持设计的独特性和创新性？如何在技术辅助下，依然保持设计师的创造力和情感表达？这些问题都需要我们在实践中不断探索并予以解决。

本书旨在为家具设计及相关领域的从业者、学者以及对 AIGC 技术感兴趣的读者提供全面、系统的视角，深入探讨 AIGC 技术在家具设计中的应用与发展。全书共分 7 章，涵盖 AIGC 技术的基本概念、发展历程、核心要素、设计应用、材料选择、造型设计、设计流程以及未来展望等内容。通过丰富的案例分析和详细的技术讲解，本书不仅展示了 AIGC 技术如何赋能家具设计，还探讨了其在提升设计效率、拓展创意边界以及满足多样化需求方面的巨大潜力，同时也对其面临的挑战与未来发展方向进行了前瞻性思考。

希望本书能够为读者提供既有理论深度又具实践价值的系统性框架。随着 AIGC 技术的不断发展和应用，家具设计领域将迎来更加广阔的发展空间和无限的可能性。我们期待本书能够激发更多设计师和研究者的兴趣，共同探索 AIGC 技术在家具设计中的更多应用场景，推动家具设计行业朝更加智能化、个性化和可持续化的方向发展。同时，也期待读者能够在阅读本书后获得启发，并在实践中不断探索和创新，共同见证 AIGC 技术在家具设计领域的美好未来。

感谢清华大学出版社对本书的出版给予的大力支持与专业指导。感谢参与本书编写的各位老师：顺德职业技术学院谢穗坚老师，中南林业科技大学黄艳丽、张继娟、钟振亚、唐志宏等老师，浙江农林大学李路明老师以及江苏理工学院申明倩老师等，你们的经验与智慧是本书的基石。特别感谢深圳元本家具设计有限公司周利波先生、上海裕暖采暖设备有限公司肖东先生、山东好乐家住宅设施有限公司常雪女士、浙江朗通家具股份有限公司曹振强先生、U+ 家具有限公司等提供宝贵案例资料，为本书增色添彩。同时，感谢山东工艺美术学院家具设计专业王新阳、李泽卿、宋佳跃等同学在案例生成、图片处理等方面的悉心协助。感谢所有关心和支持本书出版的同人，因有你们，这本书得以顺利与读者见面。

AIGC 与家具设计的融合之路刚刚启程，愿本书成为照亮前路的星火。

编 者
2025 年 5 月

教学资源与更新

教学课件
（仅限教师领取）

|目 录|

第1章

AIGC 概述

1.1 AIGC 及其发展历程

在当今这个科技飞速发展的时代，人工智能正以前所未有的速度渗透到我们生活的方方面面，从智能手机上的语音助手，到自动驾驶汽车，再到医疗诊断和金融分析等领域，其影响无处不在。而在这股科技浪潮中，人工智能生成内容（AIGC）技术犹如一颗璀璨的新星，正在家具设计领域悄然升起，预示着一场深刻的行业变革即将到来。

想象一下，未来设计师设计家具不再是孤军奋战、绞尽脑汁地构思草图，而是与智能的 AIGC 系统携手合作，通过简单的指令和参数输入，便能在瞬间获得海量的设计灵感和方案。这些方案不仅能够精准地满足消费者的个性化需求，还能在风格、功能、材质等方面展现出前所未有的创新性。AIGC 技术就像一位博学多才的助手，它能从浩如烟海的数据中汲取知识，为设计师提供全方位的支持，使设计过程变得更加高效、有趣且富有创造力。

宜家携手 Panter & Tourron 共同推出了 *Couch in an Envelope* 设计作品，见图 1-1。该设计采用 Runway 与 Midjourney 等 AIGC 工具，通过输入"扁平化""轻量级""可持续""可回收"和"易于移动"等关键词，逐步引导 AI 完成设计。该沙发具备模块化、扁平化及多功能等特性（图 1-2），采用完全可回收的轻质铝制框架以及全生物降解的纤维材料制造而成，整体重量仅为 10 公斤，能够轻松地被收纳于一个形如信封的扁平方形外包装内，见图 1-3。

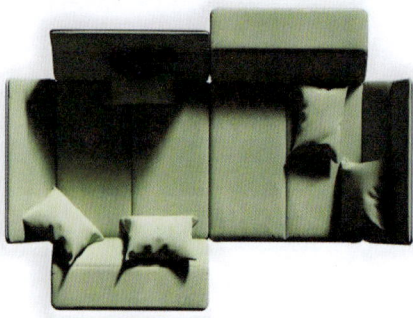

图 1-1
Couch in an Envelope

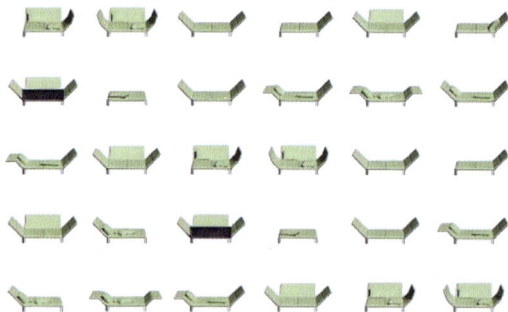

图 1-2
Couch in an Envelope 的多种使用方式

图 1-3
Couch in an Envelope 折叠后状态

1.1.1　AIGC 定义与内涵

　　AIGC，即人工智能生成内容（artificial intelligence generated content），其核心在于通过复杂的算法与模型架构，对庞大的数据集合进行深度学习、分析与归纳，进而模拟人类的创作思维，根据预设的输入条件生成兼具逻辑性和创造性的内容。AIGC 所涵盖的内容形式多样，包括但不限于文字、图像、音频和视频等。

　　从本质上讲，AIGC 的核心在于通过对海量数据的学习与分析，挖掘数据背后隐藏的规律、模式以及人类的偏好特征，进而运用这些知识生成具有逻辑性、创新性甚至情感共鸣的内容。以文本生成为例，AIGC 技术能够依据给定的主题、关键词或特定风格要求，迅速生成结构合理、语句通顺且富有新意的文章。在图像生成领域，AIGC 可以根据用户对画面主体、风格、色彩等方面的描述，精准绘制出符合需求的视觉作品。这与传统的内容创作方式截然不同，传统创作高度依赖人类创作者的个人经验、知识储备以及创意灵感，创作过程耗时费力，且产出数量有限；而 AIGC 技术打破了这些限制，它能够在短时间内批量生成多样化的内容，极大地拓展了创作的边界与可能性。

　　在家具设计范畴，AIGC 的出现颠覆了传统设计模式。传统上，家具设计高度依赖设计师的个人经验、创意灵感以及手工绘图、建模等方式，从设计构思到成品落地，往往耗费大量时间与精力，且设计方案易受设计师个人风格、知识局限的影响。而 AIGC 技术通过对海量家具设计案例、不同文化背景下的审美偏好、人体工程学数据以及材料特性等信息的深度学习，能够在短时间内根据用户输入的需求，如风格偏好、功能诉求、空间尺寸等，自动生成多样化的家具设计方案草图、3D 模型甚至是渲染效果图。这不仅极大地缩短了设计周期，提高了设计效率，还突破了设计师个人创意的边界，为家具设计注入了更多元化的创新元素，满足市场日益多样化、个性化的需求。从本质上讲，AIGC 为家具设计开启了一扇通往智能化、高效化与创新化的大门，重新定义了家具设计的创意生成与实现流程。

图 1-4 所示 Kartell 的 AI 椅，是由设计师飞利浦·斯塔克、品牌 Kartell，以及 3D 软件工程公司 Autodesk 强强联手研制的，是世界上第一把人工智能设计的椅子，在 2019 年的米兰国际家具展上惊艳亮相。按照设计师和 Kartell 的标准，要设计一张座椅，不但要具备使用上的舒适性、时尚的美学，更应利用最少的材料，当然也必须有良好的结构、环境性能等。为了成功实现这几个方面，设计全过程借助 AI 结构算法，以人类的智慧与人工智能携手合作，成功打造出智能化、个性化且环保的首款 AI 座椅。

图 1-4
Kartell 的 AI 椅
（设计者：飞利浦·斯塔克）

1.1.2　AIGC 技术发展历程与里程碑

AIGC 技术的发展源远流长，历经了多个关键阶段，每一个阶段的突破都为其如今的蓬勃发展奠定了坚实基础。诸多具有标志性意义的技术突破与应用成果，清晰地勾勒出了 AIGC 技术从萌芽到逐步成熟的奋进轨迹。

20 世纪 50 年代，人工智能的概念刚刚崭露头角，AIGC 技术在此时悄然萌芽。早期的探索主要聚焦于让计算机理解和模仿人类的基本认知过程，虽然技术尚显稚嫩，生成内容的能力极为有限，但为后续发展点亮了希望之光。在这一阶段，科学家们尝试利用简单的规则和算法让计算机生成一些基础的文本内容，如自动生成简单的数学题、编写简短的故事梗概等，尽管这些成果在今天看来较为初级，却开启了计算机自主创作的大门。

20 世纪 80—90 年代，随着计算机处理能力的稳步提升和算法的持续改进，AIGC 技术迎来了初步发展。在机器学习和自然语言处理领域取得的一些关键进展，使得计算机生成内容的质量与多样性有所提升。例如，基于统计语言模型的文本生成技术开始出现，能够根据给定的主题生成一些较为连贯的段落文字，不过在语义理解、逻辑连贯性以及创意表达方面仍存在较大的提升空间，生成的内容还难以达到实用化、商业化的要求。

21 世纪初，深度学习技术的横空出世，成为 AIGC 发展史上的重要里程碑。深度学习凭借多层神经网络架构，能够处理海量复杂数据，深度挖掘数据中的隐藏模式与规律，推动 AIGC 的内容生成能力实现质的飞跃。2006 年，深度学习算法取得重大突破，为 AIGC 的进一步发展提供了有力的技术支持。2007 年，纽约大学人工智能研究员罗斯·古德温装配的人工智能系统撰写出小说 *1 The Road*，尽管整体可读性有待提高，但这是 AIGC 在创作领域的一次重要尝试。

21 世纪 10 年代，AIGC 技术步入了高速发展的快车道，一系列具有突破性的技术成果如雨后春笋般涌现。其中，生成对抗网络（GANs）的诞生堪称图像生成领域的革命性突破。2014 年，伊恩·古德费罗等人提出的 GANs，通过巧妙构建生成器与判别器的对抗训练机制，让计算机能够生成高度逼真、细节丰富的图像和视频。2016 年，GANs 在图像生成领域取得了令人瞩目的成果，成功生成了具有逼真细节的动物图片，使 AIGC 技术潜力得到广泛关注。同年，谷歌推出的 Transformer 模型，极大地提升了自然语言处理能力，其凭借独特的多头自注意力机制，使得文本生成更加流畅、自然且富有逻辑性，为后续大规模语言模型的发展奠定了坚实基础。

2020 年 5 月，OpenAI 发布的千亿参数模型 GPT-3 验证了超大规模预训练的泛化能力，推动 AIGC 进入大模型驱动阶段。此类模型通过海量文本的深度训练，实现了高质量文本生成与拟人化交互，但逻辑严密性依赖人类反馈强化学习（RLHF）等对齐技术。2021 年，OpenAI 发布的 DALL·E 模型，将文本与图像生成紧密结合，实现了根据文本描述精准生成相应图像的功能，拓展了 AIGC 的应用边界。

2022 年 11 月，OpenAI 推出对话系统 ChatGPT，用户量两个月突破 1 亿，被全球科技界公认为“AIGC 元年”的里程碑。2024 年 2 月，OpenAI 发布文生视频模型 Sora，支持生成 60 秒 1080p 视频，成为动态内容生成的标志性进展。2025 年 1 月，DeepSeek-R1 通过多模态思维链与低资源训练优化，推动开源生态发展。当前，AIGC 深度应用于智能客服、在线教育、内容创作等众多场景；未来随技术突破，将进一步渗透医疗、制造、科研等领域，在优化流程、激发创新中推动各行业数智化变革，构建高效智能的产业新生态。

1.2　AIGC 技术的核心要素

AIGC 技术的蓬勃发展离不开多个核心要素的强力支撑，其中机器学习、深度学习、自然语言处理以及计算机视觉技术等发挥了关键作用，它们相互交织、协同发力，共同铸就了 AIGC 的强大功能。

1.2.1　机器学习

机器学习作为人工智能的基石，赋予了 AIGC 从数据中自动学习知识与模式的能力。它通过构建算法模型，让计算机在海量数据的海洋中自主摸索规律，就如同为计算机配备了一位不知疲倦的"学习导师"。在家具设计领域，机器学习可用于分析海量的家具设计案例、用户评价数据以及市场趋势报告等信息。通过对这些数据的深入学习，AIGC 能够精准识别出不同风格家具的设计特征、消费者偏好的变化趋势，进而为后续的设计决策提供坚实的数据支持。例如，它可以根据过往销售数据，总结出某一类消费者对目标家具的材质、颜色以及款式等方面的偏好倾向，助力设计师在新品设计时精准定位目标受众需求，提高设计的市场契合度。例如，上海裕暖采暖设备有限公司依据线上销售数据，用 Midjourney 生成了"贤者之舟"电热毛巾架（图 1-5），线上预售得到极大关注，生产销售成为爆款。

图 1-5
"贤者之舟"电热毛巾架

1.2.2　深度学习

深度学习则是机器学习的进阶版，它通过模拟人脑的神经网络结构，常见的如深度神经网络（DNN），构建出多个隐藏层的神经网络结构，让数据在各层中进行非线性变换，从而自动学习数据中的复杂模式和特征，自动挖掘数据中的内在规律，从而处理更为杂糅、抽象的数据任务。在 AIGC 中，深度学习适用于图像、文本、音频等多种类型数据的处理与分析场景，展现出了惊人的内容生成实力。以图像生成任务为例，基于深度学习的生成对抗网络（GANs）和变分自编码器（VAE）等模型，可以从海量的图像数据中学习到不同物体的形态、纹理、光影等特征。当接收到用户输入的设计需求，如"生成一款具有现代简约风格的客厅沙发"时，模型能够利用所学知识，创造性地组合各种特征元素，生成逼真且富有创意的沙发图像，见图 1-6 和图 1-7。在家具设计的创新探索阶段，深度学习帮助设计师突破传统思维局限，挖掘出前所未有的设计可能性，激发设计灵感的火花。

图 1-6
几阅沙发 AI 生成图
（设计者：周利波）

图 1-7
几阅沙发实物图

1.2.3　自然语言处理

自然语言处理（NLP）技术，涵盖词法分析、句法分析、语义理解、语用分析等关键技术，让计算机能够理解、生成和处理人类语言，是实现文本驱动 AIGC 应用的关键。在家具设计流程的多个环节，NLP 都有不可或缺的作用。在需求调研阶段，它可以通过对用户的自然语言描述、在线评论、社交媒体反馈等文本信息进行分析，精准提取用户对于家具功能、风格、使用场景等方面的需求痛点。例如，当用户提到"希望有一款既能当床又能作为沙发使用的多功能家具，方便朋友留宿"时，NLP 技术能够迅速捕捉关键信息，将其转化为明确的设计要求，传递给后续的设计环节。在设计创意启发阶段，设计师可以通过与基于 NLP 的智能助手进行对话（图 1-8），输入诸如"未来感十足的餐桌设计灵感"等指令，智能助手能够快速从海量的设计资料、科技文献、时尚趋势中筛选并整合相关信息，以文本形式为设计师提供丰富的创意素材，激发创新思维。

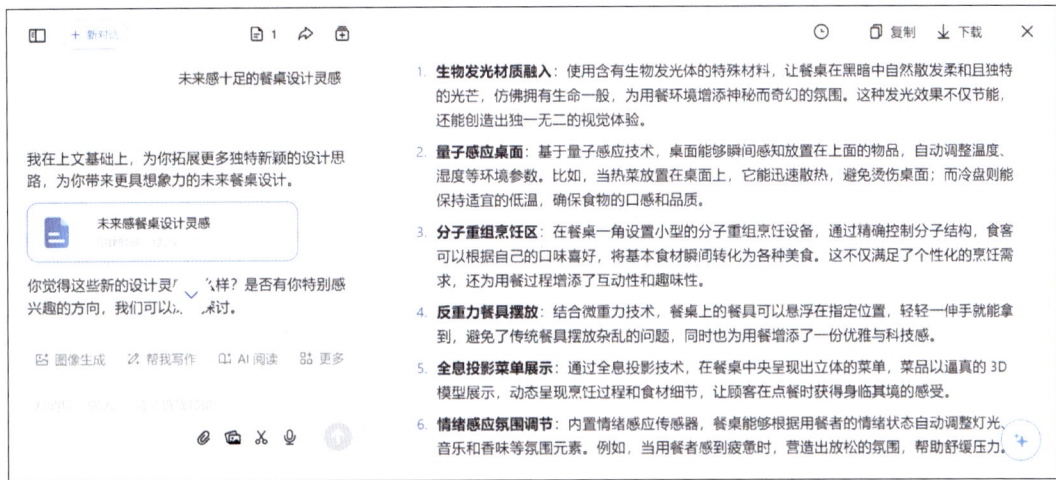

图 1-8
豆包的文本生成

1.2.4　计算机视觉技术

计算机视觉技术赋予了计算机"看懂"图像和视频的能力，在 AIGC 的图像生成、视频编辑以及设计评估等方面扮演了重要角色。在家具设计的效果图生成环节，计算机视觉技术可以根据设计师提供的三维模型数据，模拟真实的光照环境、材质质感以及空间布局，渲染出高度逼真的效果图，让客户在设计阶段就能直观感受到家具在实际空间中的呈现效果。同时，它还能对设计图像进行智能分析，评估家具的比例协调性、色彩搭配合理性等美学指标，为设计师提供客观的优化建议。例如，通过对比大量优秀设计案例中的视觉元素比例关系，计算机视觉技术可以判断当前设计方案中沙发的座面高度、靠背倾斜度是否符合人体工程学与美学标准，辅助设计师进行精细调整，提升设计质量。

这些核心技术在 AIGC 中并非孤立存在的，而是紧密协作、相辅相成。机器学习和深度学习为自然语言处理与计算机视觉提供底层的数据学习与模型构建能力；自然语言处理将人类的设计意图、需求等信息转化为计算机可理解的指令，驱动整个 AIGC 流程运转；计算机视觉则将生成的设计内容以直观的视觉形式呈现出来，并提供视觉层面的分析反馈，形成从创意构思到视觉呈现再到优化迭代的完整闭环，共同推动 AIGC 技术在家具设计领域的应用，释放出巨大的创新潜能。

1.3　AIGC 设计的核心要素

AIGC 设计的核心要素主要包括数据驱动、算法支持、算力支撑、用户交互和多模态融合。这些要素共同构成了 AIGC 设计的基础，使其能够在家具设计中发挥巨大的潜力，提高设计效率，激发创意灵感，满足个性化需求。

1.3.1　数据驱动

数据驱动是 AIGC 设计的基础。AIGC 依赖大量的数据进行学习和训练，这些数据包括历史设计案例、用户反馈、市场趋势、文化元素等。通过深度学习算法，AIGC 能够从这些数据中提取规律和模式，为设计提供科学依据。

1. 数据的来源与类型

历史设计案例：收集大量的历史设计案例，包括不同风格、功能和尺寸的家具设计。这些案例可以来自设计数据库、专业设计软件、历史项目文件等。通过分析这些案例，AIGC 可以学习到设计的基本原则和常见模式。

用户反馈：用户对现有家具产品的反馈是宝贵的资源。这些反馈可以包括用户对家具的使用体验、功能需求、外观偏好等。通过分析用户反馈，AIGC 可以更好地理解用户的需求和痛点，生成更符合用户期望的设计。

市场趋势：与市场趋势相关的数据可以帮助 AIGC 了解当前和未来的市场动态。这些数据可以包括流行风格、新兴材料、技术发展趋势等。通过分析市场趋势，AIGC 可以生成更具前瞻性和市场竞争力的设计。

文化元素：不同文化背景下的设计元素可以为 AIGC 提供丰富的创意灵感。这些元素可以包括传统图案、色彩搭配、工艺技术等。通过融合文化元素，AIGC 可以生成具有文化内涵和地域特色的设计。

2. 数据的处理与分析

数据预处理：在使用数据之前，需要进行预处理，包括数据清洗、去重、归一化等。这些步骤可以确保数据的质量和一致性，提高 AIGC 的学习效果。

特征提取：通过特征提取技术，从原始数据中提取出关键特征。这些特征可以包括设计尺寸、形状、材料、颜色等。特征提取可以帮助 AIGC 更高效地学习和生成设计内容。

模式识别：利用深度学习算法，如卷积神经网络（CNN）和循环神经网络（RNN），从数据中识别出规律和模式。这些模式可以包括设计的常见组合、功能布局、风格特征等。模式识别可以帮助 AIGC 生成更符合设计原则和用户需求的内容。

1.3.2　算法支持

算法支持是 AIGC 设计的核心。AIGC 利用先进的算法，如生成对抗网络（GANs）、变分自编码器（VAEs）、Transformer 等，生成高质量的设计内容。这些算法能够处理复杂的任务，如图像生成、文本生成、3D 建模等，为设计师提供强大的技术支持。

1. 生成对抗网络（GANs）

GANs 由生成器（generator）和判别器（discriminator）组成。生成器负责生成设计内容，判别器则负责对生成的内容进行评估，判断其是否符合真实的设计标准。通过不断的对抗训练，生成器能够生成越来越逼真的设计内容。在家具设计中，生成器可以生成多种风格和功能的家具草图，判别器则评估这些草图的真实性和设计质量。例如，生成器可以生成一个现代简约风格的沙发草图，判别器则评估其是否符合现代简约风格的设计标准。

2. 变分自编码器（VAEs）

VAEs 通过编码器将输入数据编码为潜在变量，然后通过解码器将潜在变量解码为输出数据。VAEs 能够在潜在空间中进行插值和采样，生成多样化的设计内容。在家具设计中，VAEs 可以将设计草图编码为潜在变量，然后通过解码器生成多种变体。例如，输入一个悬挑休闲椅草图，并明确指定编织工艺，VAEs 可以生成多种结构关系和形状不同的休闲椅（图 1-9）。

图 1-9
休闲椅 AI 生成图

3. Transformer

Transformer 基于自注意力机制，能够处理长序列数据，生成高质量的文本和图像内容。Transformer 在自然语言处理和计算机视觉领域都取得了显著的成果，能为 AIGC 提供强大的技术支持。在家具设计中，Transformer 可以处理文本描述和图像数据，生成高质量的设计内容。例如，输入"现代简约风格的沙发，带有储物功能"，Transformer 可以生成符合要求的沙发设计图（图 1-10）。

图 1-10
豆包生成的沙发设计图

1.3.3　算力支撑

算力支撑是 AIGC 技术的基石，它为人工智能模型的训练、优化和部署提供了强大的计算能力。具体来说，AIGC 的算力支撑是指为实现人工智能生成内容所构建的计算基础设施，包括硬件设备、软件框架以及分布式计算平台等。这些设施共同构成了 AIGC 技术的强大计算能力，使其能够处理海量数据，运行复杂算法，生成高质量的设计方案。在家具设计领域，算力的充足与否直接影响 AIGC 技术的实际应用效果。

1. 硬件基础设施

硬件基础设施是算力支撑的物理基础，包括服务器、GPU 集群、存储设备等。这些硬件设备为 AIGC 技术提供了强大的计算能力和数据存储能力。

服务器：服务器是算力支撑的核心硬件之一，它能够提供高性能的计算能力，支持大规模的数据处理和模型训练。在家具设计中，服务器可以用于运行复杂的 3D 建模软件和渲染引擎。

GPU 集群：GPU 集群通过并行计算加速模型训练和内容生成。在家具设计中，GPU 集群可以用于快速生成高质量的家具材质和纹理，提高设计效率。

存储设备：存储设备用于保存大量的设计数据和模型参数。在家具设计中，存储设备可以用于保存用户需求数据、设计草图和最终设计方案。

2. 云计算服务

云计算服务通过互联网提供按需分配的计算资源，具有灵活、高效的特点。在家具设计领域，云计算服务可以用于远程协作和资源共享。

远程协作：设计师可以通过云计算服务在不同地点进行协同设计，实时共享设计成果。例如，一个设计团队可以在云端平台上共同编辑和修改家具设计方案，提高协作效率。

资源共享：云计算服务可以提供丰富的设计资源，包括 3D 模型库、材质库和渲染引擎等。设计师可以根据需要选择合适的资源，提高设计效率。

3. 边缘计算

边缘计算是一种将计算和数据存储推向网络边缘的计算模型，它能够在靠近数据源或用户的设备上进行数据处理和分析。在家具设计中，边缘计算可以用于实时反馈和本地优化。

实时反馈：边缘计算可以对用户的操作进行实时分析和反馈，提高用户体验。例如，当用户在本地设备上调整家具设计参数时，边缘计算可以快速生成预览图，让用户即时看到调整后的效果。

本地优化：边缘计算可以在本地设备上对设计方案进行初步优化，减少上传到云端的数据量，提高设计效率。例如，在本地设备上对家具材质进行初步优化，确保其符合设计要求后再上传到云端做进一步处理。

1.3.4　用户交互

用户交互是 AIGC 设计的重要组成部分。AIGC 设计强调用户参与和交互，设计师可以通过输入特定的指令、参数或草图，与 AIGC 系统进行交互，获取个性化的设计建议和方案。这种交互不仅提高了设计的灵活性，还能更好地满足用户需求。

1. 交互方式

指令输入：设计师可以通过输入简单的指令，如上文所述生成的沙发，AIGC 系统会根据指令生成多种设计变体。这些指令可以包括风格、功能、尺寸等参数。

参数调整：设计师可以通过调整参数，如座面高度、靠背角度、材料选择等，进一步优化设计内容。AIGC 系统会根据调整后的参数生成新的设计变体。

草图上传：设计师可以上传手绘草图或初步设计模型，AIGC 系统会基于这些草图生成更详细的设计内容。例如，上传一个沙发草图，AIGC 可以生成对应的 3D 模型或效果图，见图 1-11 和图 1-12。

图 1-11
沙发草图
（设计者：宋佳跃）

图 1-12
AI 生成的沙发效果图
（设计者：宋佳跃）

2. 交互优势

提高设计灵活性：通过用户交互，设计师可以随时调整设计内容，生成多种变体，提高设计的灵活性和多样性。

满足个性化需求：用户交互使 AIGC 能够更好地理解用户的需求和偏好，生成个性化的设计方案。例如，根据用户对沙发舒适度的要求，调整座面高度和靠背角度。

实时反馈与优化：AIGC 系统可以实时反馈生成的设计内容，设计师可以根据反馈做进一步的优化和调整，提高设计质量。

1.3.5 多模态融合

多模态融合是 AIGC 设计的另一个重要特点。AIGC 能够处理多种模态的数据，如文本、图像、音频、视频等。在家具设计中，多模态融合可以为设计师提供更丰富的创意灵感和表现形式。例如，通过结合文本描述和图像示例，生成更符合目标定位的设计方案。

1. 多模态数据的类型

文本数据：包括设计描述、用户需求、市场趋势等。文本数据可以提供设计的背景信息和具体要求。

图像数据：包括设计草图、效果图、参考图片等。图像数据可以提供设计的视觉参考和灵感来源。

音频数据：包括用户反馈的语音记录、设计讨论的录音等。音频数据可以提供用户的情感和偏好信息。

视频数据：包括设计过程的视频记录、用户使用场景的视频等。视频数据可以提供设计的动态信息和使用场景。

2. 多模态融合的应用

创意灵感：通过结合文本描述和图像示例，AIGC 可以生成更具创意和视觉冲击力的设计方案。例如，输入"现代简约风格的沙发，带有储物功能"，并上传一张参考图片，AIGC 可以生成多种符合描述和参考图片的设计变体，见图 1-13。

现代简约风格的沙发，带有储物功能

图 1-13
豆包生成的沙发设计图

设计优化：通过结合用户反馈的文本和音频数据，AIGC 可以更全面地理解用户的需求和痛点，生成更优化的设计方案。例如，根据所给文档中用户对沙发舒适度的反馈，调整座面高度、倾斜度及靠背角度等。

表现形式：通过结合图像和视频数据，AIGC 可以生成更具动态效果和真实感的设计表现形式。例如，生成一个沙发在不同使用场景下的视频动画，帮助客户更好地理解设计。

1.4　AIGC 生成工具与平台

随着人工智能技术的飞速发展，AIGC 生成工具已经成为创意产业的重要助力。这些工具通过深度学习算法，能够理解和生成文本、图像、音频和视频等多种形式的内容。在家具设计领域，AIGC 生成工具不仅提高了设计效率，还激发了设计师的创意潜能，革新了传统设计流程。

1.4.1　文本生成工具

文本生成工具基于自然语言处理技术与深度学习模型（如 GPT 系列），通过海量文本数据的训练，能够精准理解语义并生成逻辑性强、结构清晰的文本内容。这类工具通过捕捉语言规律和语境关联，为设计师提供从概念构思到方案落地的全方位支持，尤其在家具设计领域展现出显著的应用价值。常用文本生成工具见表 1-1。

表 1-1　常用文本生成工具

工具名称	开发公司	核心功能	优　势	应用场景	示　例
ChatGPT	OpenAI	对话生成、文本创作	生成连贯且逻辑性强的回复，支持多种语言	设计理念阐述、设计说明撰写、创意启发	设计师输入设计要求，生成详细设计建议
DeepSeek	深度思维（DeepMind）	对话生成、文本创作	高精度自然语言理解，生成高质量文本	设计理念阐述、创意启发、文案撰写	设计师输入设计要求，生成高质量的设计理念阐述和创意启发文案
Kimi	月之暗面科技	长文本处理、多语言对话	强大的上下文处理能力，支持多种语言	创意头脑风暴、国际项目合作	提供长文本设计思路，支持多语言交流
豆包	字节跳动	文本生成、创意启发	针对中文语境优化，快速响应	资料收集与整理、文案撰写	提供设计参考资料和案例库，生成针对性设计参考
文心一言	百度	文本生成、内容优化	集成多种功能，支持文本编辑和优化	设计文档完善、内容提升	优化设计文档，提升可读性和吸引力
通义	阿里巴巴	文本生成、对话支持	支持企业定制化服务，数据安全	设计流程规划、文档生成	生成项目计划、设计规范和技术文档

在家具设计实践中，文本生成工具可高效辅助设计全流程。设计师仅需输入基础设计需求，工具即可快速描述出设计方案。例如，在 ChatGPT 中输入"你现在是一位家具设计者，请设计一款办公室座椅。要求：便携、舒适，可以躺着睡觉，现代简约"，得到的回答见图 1-14。这种智能生成能力不仅加速了创意概念的形成，还能通过专业术语的规范运用提升设计文档的严谨性，帮助设计师快速完成产品说明、技术参数、工艺文件等专业文本的撰写。

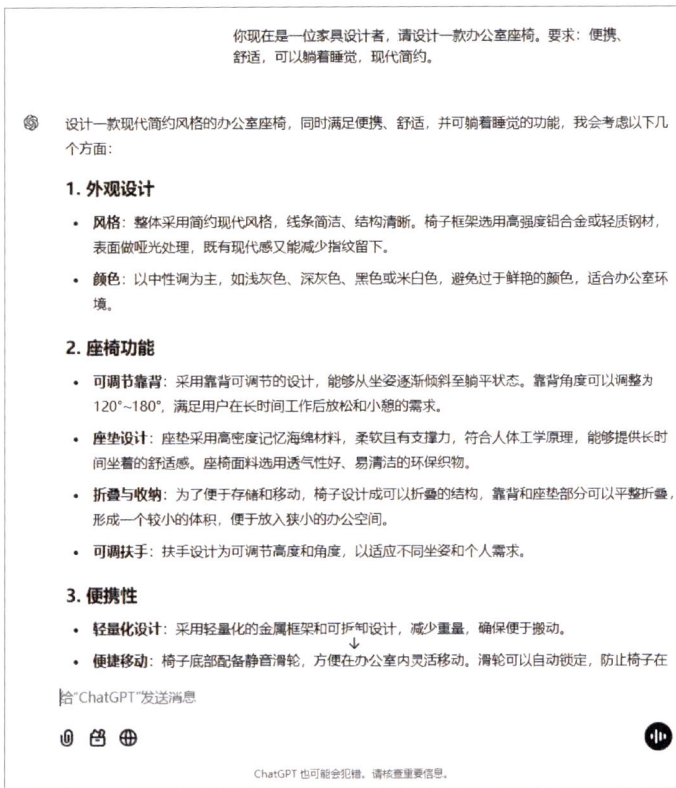

图 1-14
ChatGPT 使用案例

同时，此类工具的应用已延伸至设计项目管理环节。通过解析项目目标与时间节点，系统可自动生成包含任务分解、进度排期、验收标准等要素的流程规划文档。例如，针对座椅开发项目，此类工具能细化出从概念草图评审、原型打样测试到量产工艺优化的完整时间轴，并同步输出各阶段所需的协作文档模板。这种自动化规划能力显著提升了团队协作效率，确保设计流程的标准化与可控性。

从行业价值维度看，文本生成工具不仅将设计文档的产出效率提升 3～5 倍，更通过知识库的持续积累形成可复用的设计语言体系。其生成的标准化文本既能减小沟通误差，又能沉淀设计经验，为后续方案迭代提供数据支撑。这种技术赋能使得设计师能够将更多精力聚焦于核心创意，推动家具设计从经验驱动向数据智能协同的创新模式演进。

1.4.2 图像生成工具

图像生成工具作为 AIGC 领域最具视觉冲击力的技术分支，通过深度学习算法实现了从概念到视觉呈现的创造性突破。这类工具的核心价值在于能够解析用户输入的文本描述或指令，生成高精度图像内容，为设计领域带来革新性支持。其核心功能首先体现在文本到图像的智能转换上，例如当用户输入"现代简约风格的客厅沙发"时，系统不仅能识别风格定位、空间属性和家具类型等要素，还能结合材质、光影等隐含需求生成精准匹配的视觉方案。在风格迁移与转换方面，图像生成工具展现出强大的跨模态处理能力，既可实现布料材质的亚麻与牛皮等物理属性的转换，也能完成装饰风格图案从印象派油画到赛博朋克风格的跨维度演变，为设计师提供多维度的创作可能性。同时，其配备的图像编辑优化模块，通过智能算法对色彩平衡、对比度参数、局部细节进行精细化调整，使生成图像既符合初始设计意图，又能达到专业级的视觉呈现效果。这些功能的协同运作，使图像生成工具成为连接人类创意与数字视觉表达的高效桥梁。常用图像生成工具见表1-2。

表 1-2　常用图像生成工具

工具名称	开发公司	核心功能	优　势	应用场景	示　例
Midjourney	Midjourney Inc.	图像生成、风格转换	艺术风格独特，图像质量高	概念设计、灵感激发	生成现代简约风格的座椅设计图像（图1-15）
Stable Diffusion	Stability AI	图像生成、图像编辑	开源，可定制性强	大规模设计方案生成、图像细节优化	生成多种风格的家具设计图，支持图像细节修改（图1-16）
DALL·E	OpenAI	文本到图像生成、图像编辑	生成高质量、写实风格的图像	产品设计、广告设计	生成现代简约风格的竹质椅子图像（图1-17）
通义万相	阿里巴巴	图像生成、风格转换	支持多模态数据输入，生成图像风格多样	家具设计、场景渲染	生成现代简约且舒适的办公椅图像（图1-18）
文心一格	百度	图像生成、风格转换	易用性强，支持多种艺术风格	设计展示、创意探索	生成具有中国传统风格的简约茶桌图像（图1-19）

图 1-15
Midjourney 生成的座椅设计图
（设计者：王新阳）

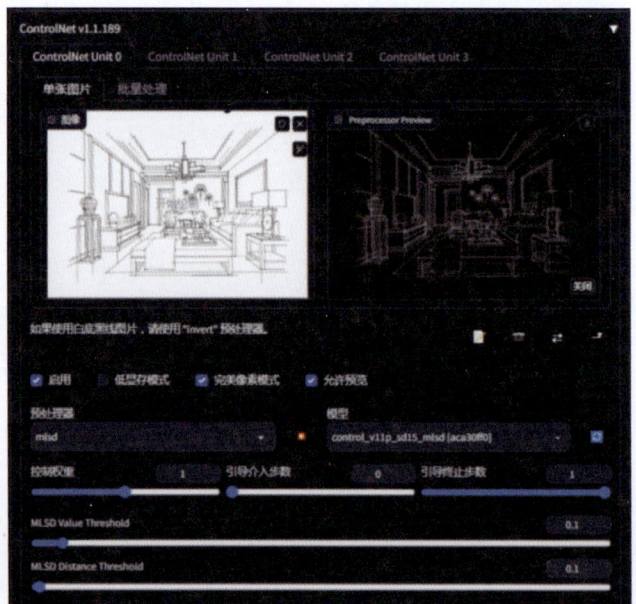

图 1-16
Stable Diffusion 家具设计生成过程

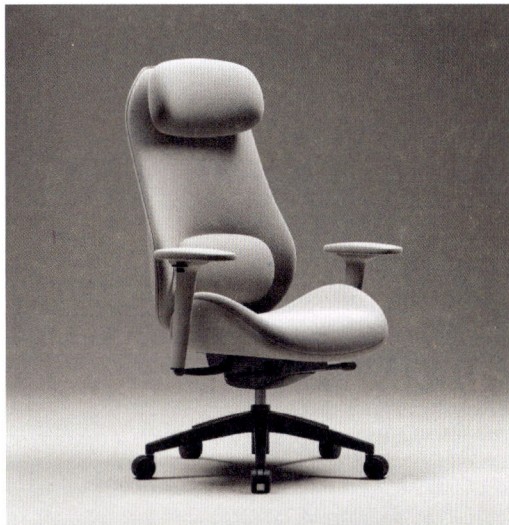

图 1-17（左上）
DALL·E 3 生成的座椅设计图
（设计者：王新阳）

图 1-18（右上）
通义万相生成的办公椅设计图

图 1-19（右下）
文心一格生成的家具设计图

1.4.3　音频生成工具

音频生成工具是一种强大的技术应用，它通过分析用户输入的文本或其他数据，能够生成高质量的音频内容。在设计展示、品牌塑造以及用户体验优化等多个领域，这些工具都发挥了极为重要的作用。常用音频生成工具见表 1-3。

表 1-3　常用音频生成工具

工具名称	开发公司	核心功能	优　势	应用场景	示　例
OpenAI Jukebox	OpenAI	音乐生成	生成高质量音乐，支持多种风格	设计展示、品牌宣传	生成用于家具展示的背景音乐
AIVA	AIVA Technologies	音乐创作	生成具有特定情感色彩的音乐	产品发布会、设计展示	生成用于产品发布会的背景音乐

续表

工具名称	开发公司	核心功能	优　势	应用场景	示　例
Soundraw	—	音乐生成	快速生成，支持多种风格和节奏	广告制作、视频配乐	生成用于广告视频的背景音乐
网易天音创作平台	网易	音乐生成	针对中国用户优化，生成符合本土审美的音乐	家具设计展示、品牌宣传	生成具有中国传统乐器元素的背景音乐
Mubert	Mubert 团队	音乐生成	实时生成，支持多种场景	背景音乐、创意灵感	生成用于创意设计过程的背景音乐
Amper Music	Amper Music 团队	音乐生成	自定义程度高，支持多种风格	视频配乐、广告制作	生成用于家具广告视频的配乐

1.4.4　视频生成工具

视频生成工具是一种先进的技术应用，它通过分析用户输入的文本或其他数据，能够生成高质量的视频内容。这些工具在产品展示、设计演示和用户教育等多个领域发挥了重要作用。常用视频生成工具见表 1-4。

表 1-4　常用视频生成工具

工具名称	开发公司	核心功能	优　势	应用场景	示　例
Sora	OpenAI	视频生成	生成高质量、逼真的视频	产品展示、设计演示	生成展示家具使用场景的视频
Synthesia	—	视频生成、虚拟主持人	提供虚拟主持人，支持多种语言	产品介绍、设计展示	生成由虚拟主持人讲解的家具设计视频
Pika Labs	—	视频生成、动画制作	快速生成，支持多种模板	创意展示、产品推广	生成展示家具使用过程的动画视频
百度文心 ERNIE-Video	百度	视频生成、多模态融合	支持文本、图像和音频的综合生成	设计展示、用户教育	生成包含设计说明、图像和背景音乐的综合展示视频
Google Imagen Video	Google	高质量视频生成	支持文本描述，生成逼真动画	产品展示、用户体验优化	生成 360 度全景展示视频，模拟家具在不同风格房间中的效果
Runway Gen-2	RunwayML	视频生成、模型训练	强大的生成能力和模型训练功能	创意视频制作、艺术展示	根据文本描述生成家具设计概念视频

在功能与用法方面，视频生成工具的核心是根据用户输入生成视频内容。这些工具通常具备以下功能：其一，它们能够由文本生成视频，即用户只需输入文本描述，工具便可以生成相应的视频内容；其二，视频生成工具还支持多模态数据融合，能够将文本、图像、音频等多种数据进行整合，生成综合性的视频内容，从而丰富视频的表现形式和信息传递能力；其三，视频生成工具还提供视频编辑与优化功能，用户可以对生成的视频进行剪辑、

添加特效等操作，以进一步提升视频的视觉效果，使其更符合使用场景和用户需求。

1.4.5　多模态生成工具

多模态生成工具是一种强大的技术应用，能够同时处理和生成多种类型的内容，包括文本、图像、音频和视频。这些工具在综合设计展示、跨媒体创作和多感官用户体验方面展现出显著的优势。

在功能与用法方面，多模态生成工具的核心在于整合多种数据形式，生成综合性的内容。这些工具通常具备以下功能：其一，它们能够接受多种形式的输入数据，包括文本、图像、音频等，为内容创作提供了丰富的素材来源；其二，这些工具可以根据输入数据生成文本、图像、音频和视频等多种形式的内容，并将它们有机融合在一起，形成统一且富有表现力的输出结果；其三，多模态生成工具还具备智能编辑与优化功能，能够自动对生成的内容进行调整和优化，确保内容在逻辑、风格和质量上的一致性，从而为用户提供高质量的综合内容创作体验。

1.5　AIGC 对家具设计领域的影响

AIGC 技术在家具设计领域的应用日益广泛，正深刻地改变着设计流程、设计思维和行业生态。

1.5.1　设计流程变革

AIGC 技术的引入，使得家具设计流程发生了显著变革。传统的家具设计流程包括需求分析、概念设计、方案细化、模型制作、评估优化等环节。AIGC 可以将这些环节进行整合和优化，提高设计效率。一般来说，在概念设计环节，AIGC 可以快速生成多种设计方案供设计师选择；在方案细化环节，AIGC 可以对设计方案进行智能优化和调整，减少设计师的工作量。Collov AI 可以通过图像识别技术能够理解空间布局和设计元素，并通过自然语言处理实现上传一张客户家定制家具所在空间的照片，输入相关设计要求，一键生成作品，见图 1-20。以往设计师需要花费大量时间手绘草图、制作效果图，现在借助 AIGC 能显著提高设计效率，优化了传统设计流程，提升了设计质量和沟通效果。

1.5.2　设计思维拓展

AIGC 为家具设计思维拓展提供了新的可能性，具体见表 1-5。通过分析大量的设计数据和用户需求，AIGC 可以发现一些传统设计思维难以察觉的规律和趋势。这促使设计师从更广阔的视角去思考家具设计，探索新的设计理念和方法，创造出更具创新性和个性化的产品。

图 1-20
厨房家具一键定制
（Collov AI 作品）

表 1-5   AIGC 助力设计思维拓展

设计思维类型	具 体 内 涵	优势及作用	应 用 示 例
数据驱动的设计思维	设计师依据 AIGC 分析大量市场数据、用户反馈等生成的结果来确定设计方向，而非单纯依靠经验和直觉	更科学、精准地确定设计方向，助力有的放矢地进行设计创新	通过分析不同风格家具销售数据及消费者对功能的评价反馈，了解流行趋势和用户痛点，进而开展设计创新
跨模态创意融合思维	借助 AIGC 打破传统单一模态创作局限，融合文本、图像、音频等不同模态创意元素创造更具创新性的设计方案	创造出更具创新性的设计方案，使家具增添情感文化价值，提升设计的独特性	结合描述家具故事的音频与独特风格的家具图像，打造沉浸式设计体验，让家具成为承载情感和文化的载体
快速迭代实验思维	利用 AIGC 快速生成多个设计变体，并进行对比分析和优化，短时间内完成多次设计迭代	更具开放性、灵活性和高效性，为设计师开辟创新实践路径，激发创新思维与实践探索热情	利用 AIGC 快速生成包含不同材质、不同颜色、不同造型等多种元素组合的沙发设计变体，然后从舒适度、美观度、与客厅整体风格适配度等方面，进行对比分析、优化与迭代

1.5.3 行业生态重构

AIGC 的应用，也对家具设计行业的生态进行了重构。一方面，AIGC 提高了设计效率和创新能力，使得家具设计行业能够更快地响应市场变化和用户需求；另一方面，AIGC 也促进了家具设计行业的分工和合作，使设计师、工程师、数据分析师等不同角色可以更好地协同工作，共同推动家具设计行业的发展。同时，AIGC 解决了设计工具的易用性问题，降低了设计门槛，使得更多人能够参与到设计中。

这种影响还波及行业上下游产业链的各个环节。对于材料供应商而言，AIGC 可依据市场流行趋势预测不同材质家具的需求情况，帮助供应商提前调整生产和库存策略。制造商借助 AIGC 能够实现更高效的产品设计和生产流程优化。同时，利用 AIGC 生成的设计方案，制造商可以更快速地响应市场变化，推出符合消费者需求的新产品。在销售渠道方面，AIGC 催生了虚拟家具展示与销售等新型模式，消费者可以通过线上平台利用 AIGC 生成的虚拟场景体验家具实际效果，再做出购买决策。这种方式打破了传统线下展厅展示的时空限制，拓宽了销售渠道，让更多消费者能够便捷地了解和选购家具产品。而从客户需求角度来看，AIGC 满足了人们对个性化、定制化家具的需求，催生了 AIGC 定制设计平台、设计众包等新型商业模式和设计服务形态。

思考与练习

（1）请结合宜家 *Couch in an Envelope* 案例，分析 AIGC 技术如何通过模块化设计和可持续材料选择体现其对环保和创新的追求。同时，思考 AIGC 技术如何帮助设计师突破传统思维，实现更高效的设计探索。

（2）结合本章内容，讨论从早期的规则和算法，到深度学习技术，再到如今的超大规模预训练语言模型的技术进步如何逐步推动家具设计的变革。

（3）请选取至少两种 AIGC 生成工具（如文本生成、图像生成、音频生成或视频生成工具），并尝试使用这些工具完成自我设定的任务，然后分享使用体验和感悟。

（4）假设你是一名家具设计师，正在考虑引入 AIGC 技术来优化设计流程。请列举 AIGC 技术可能带来的三个最大优势和两个潜在挑战，并提出相应的解决策略。

第 2 章

家具设计概论

2.1 家具概述

家具是指人类为满足坐卧、凭倚、贮存等生活需求，以及对空间进行分隔、装饰等功能而设计制造的各类器具。它涵盖了简单的椅凳、桌子、床及复杂的组合柜、多功能沙发等多种形态，是人类生活空间中不可或缺的组成部分。家具的出现和发展，与人类社会的进步、生活方式的演变以及科学技术的发展紧密相连，其不仅承载了实用功能，还蕴含丰富的文化、艺术和审美价值。

2.1.1 物质属性

家具的物质属性主要体现在其材料的选择和加工使用上。不同的材料具有不同的物理和化学特性，这些特性决定了家具的耐用性、稳定性、舒适性和环保性。常见的家具材料包括木材、金属、塑料、玻璃、软体材料等。木材具有自然的纹理和温润的质感，是一种可再生的环保材料，但其易受环境湿度和温度的影响，容易变形和开裂；金属具有高强度、耐腐蚀、易加工等优点，但其质感较硬，缺乏温暖感；塑料具有轻便、色彩丰富、价格低廉等优势，但其强度和耐用性相对较差，且部分塑料材料可能存在甲醛释放量超标的问题；玻璃具有通透、晶莹剔透的质感，能够使室内空间显得更加明亮开阔，但其强度相对较低，容易破碎，存在一定的安全隐患；软体材料如海绵、泡沫、弹簧等具有柔软、富有弹性的特点，能够为人们提供良好的身体支撑和包裹感，但其易被污染，清洁和维护相对困难。在家具设计中，合理选择和搭配不同的材料，能够充分发挥各种材料的优势，弥补其不足，从而提高家具的整体性能和品质。

2.1.2 艺术属性

家具的艺术属性主要体现在其造型设计、色彩搭配和装饰手法上。家具的造型设计是家具艺术性的核心，它通过线条、形状、比例等元素的组合和变化，创造出具有美感和个性的家具形态。例如，现代简约风格家具以简洁的直线和几何形状为主，展现出简洁明快、时尚大气的风格；北欧风格家具则采用柔和的曲线和简洁的直线相结合的方式，营造出温馨、舒适、自然的感觉（图 2-1）；中式风格家具注重对称、均衡和比例的把握，通常采用复杂的线条和精美的雕刻装饰，展现出古朴、典雅、庄重的气质（图 2-2）；欧式风格家具则以复杂的曲线和华丽的雕刻装饰为特点，营造出奢华、浪漫、精致的视觉效果（图 2-3）。

图 2-1
Nietos
（设计者：米高·帕卡恩）

色彩搭配是展现家具艺术性的另一个重要方面，它通过不同颜色的组合和搭配，营造出不同的氛围和情感。例如，白色、黑色、灰色等中性色调能够营造出清新、明亮、宁静的空间氛围，适合现代简约风格和北欧风格的家具；红色、金色、棕色等传统色彩则能够营造出古朴、典雅、庄重的空间氛围，适合中式风格和欧式风格的家具。

装饰手法包括雕刻、镶嵌、绘画、贴面等，这些手法能够为家具增添丰富的细节和艺术感，提升家具的美学价值。例如，中式家具的雕刻工艺精湛，常见的有云纹、回纹、龙凤纹等图案，不仅具有美观的视觉效果，还蕴含丰富的文化寓意；欧式风格家具的镶嵌工艺和绘画工艺则能够展现出奢华、浪漫的艺术风格，使家具成为一件具有艺术价值的装饰品。

图 2-2
清代紫檀有束腰带托泥圈椅

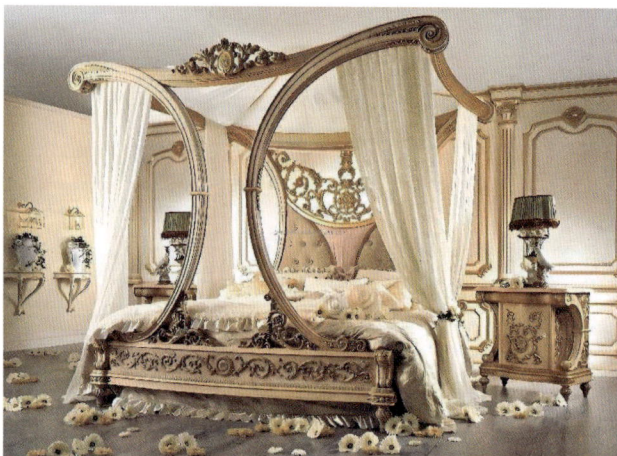

图 2-3
欧式风格家具 1

2.1.3 技术属性

　　家具的技术属性主要体现在其制造工艺和结构设计上。制造工艺包括木材加工、金属加工、塑料加工、玻璃加工、软体材料加工等多种技术，这些技术的水平和精度直接影响家具的质量和性能。例如，木材加工中的榫卯结构是一种传统的连接方式，它通过榫头和卯眼的精确配合，使家具结构牢固而稳定，同时还能减少其他材料及化学物品的使用，提高家具的环保性；金属加工中的焊接、铸造、冲压等技术能够制造出各种复杂的金属部件，提高家具的强度和耐用性；塑料加工中的注塑、吹塑等技术能够快速生产出大量轻便、色彩丰富的塑料家具部件（图 2-4），降低生产成本；玻璃加工中的切割、磨边、钢化等技术能够使玻璃家具更加安全、美观和实用；软体材料加工中的缝制、填充、定型等技术能够使沙发、床垫等软体家具更加舒适、贴合人体曲线（图 2-5）。

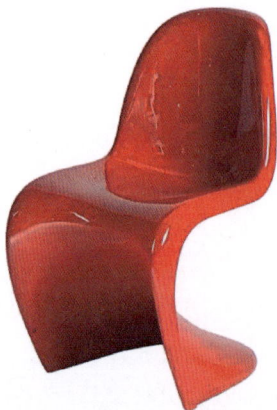

图 2-4
一次性铸模成型的潘东椅
（设计者：维纳尔·潘东）

图 2-5
软体材料加工成的沙发
（设计者：芬·尤尔）

结构设计是家具技术属性的另一个重要方面，它通过合理的结构布局和连接方式，确保家具的稳定性和安全性。例如，框式结构是一种常见的家具结构形式（图2-2），它由框架和面板组成，框架起到支撑作用，面板起到围合和装饰作用，这种结构形式具有较高的强度和稳定性，适用于多种类型的家具；板式结构则是一种以人造板为主要材料的结构形式（图2-6），它通过五金件连接和装配，具有生产效率高、尺寸精度高、易于拆卸和组装等优点，但其强度和稳定性相对较差，需要通过合理的结构设计和加固措施来提高性能；软体结构主要应用于沙发、床垫等软体家具（图2-5），它通过弹簧、海绵、泡沫等软体材料的填充和支撑，为人体提供良好的舒适性和包裹感，但其结构相对复杂，在设计时需要考虑材料的弹性、透气性、耐久性等因素，以保障家具的使用寿命和使用效果。

图 2-6
板式结构家具

2.1.4 社会属性

家具的社会属性主要体现在其与社会文化、经济发展、生活方式等因素的关系上。家具作为一种生活用品，其设计和使用受到社会文化背景的深刻影响。不同的社会文化环境有不同的审美观念、价值取向和生活方式，这些因素决定了家具的风格、功能和使用方式。例如，在中国传统文化中，家具不仅是生活用品，还是一种文化符号和艺术载体，其设计注重对称、均衡和比例的把握，通常采用复杂的线条和精美的雕刻装饰，展现出古朴、典雅、庄重的气质，反映了中华民族对自然、和谐的崇尚和追求；在西方文化中，家具的设计则更加注重个性化和艺术化，其风格多样，从古罗马的庄重典雅到文艺复兴时期的浪漫奢华，从巴洛克的繁复华丽到洛可可的精致细腻，每一种风格的家具都展现了欧洲不同历史时期的文化风貌和社会风尚。

经济发展水平也对家具的生产和消费产生重要影响。在经济发达地区，人们对家具的品质、设计水平和功能要求较高，愿意花费更多的资金购买高品质、个性化、智能化的家具产品；而在经济相对落后地区，人们对家具的需求则更加注重实用性和经济性，倾向于购买价格低廉、功能简单的家具产品。

生活方式的变化也促使家具不断更新和发展。随着人们生活水平的提高和生活节奏的加快，人们对家具的功能性和舒适性要求越来越高，多功能家具、智能家具等新型家具产品应运而生，满足了人们在有限空间内实现多种功能的需求，提高了生活的便利性和舒适度。例如，小米有品贝氪智能气动托腰办公椅 C1X（图2-7），

图 2-7
小米有品贝氪智能气动托腰办公椅
C1X

不仅具备常规电脑椅的多方位调节功能，还配备动态气囊腰托，能随身体微动实时贴合腰部，避免腰背与椅背间留空隙。其定时按摩提醒功能会在用户久坐（超 1 小时）时提醒其放松，若用户未起身，它会自动按摩 2 分钟，且久坐时长可自设为 30、60、90 分钟等。此外，该椅拥有自动启停功能，通过底座压力传感器判断入座和离座状态，实现人来开机、人走待机，既省心又省电。

2.2　家具的分类方式

随着社会的发展和人们生活水平的提高，家具的种类日益丰富，功能也越发多样化，家具的分类也变得相对模糊。根据各类家具的特点、用途以及在室内空间中的布局方式等，经常按功能、材质、风格、使用空间进行分类。

2.2.1　按功能分类

1. 坐卧类家具

坐卧类家具主要用于人们的休息、坐靠等行为，是家具中最基本且使用频率较高的类别之一。常见的坐卧类家具包括凳子、椅子、沙发、床等，见图 2-8 和图 2-9。沙发以其宽大的座面和舒适的靠背，为人们提供了惬意的休闲空间，无论是日常的休息、看电视还是与家人、朋友聊天，都能发挥重要作用。椅子则种类繁多，从简单的餐椅到具有艺术感的休闲椅，其设计重点在于满足不同场合下的坐姿需求，如餐椅注重与餐桌的搭配以及便于用餐时进出，休闲椅则更强调坐感的舒适度和造型的独特性。床作为人们睡眠的主要场所，关乎睡眠质量，不仅有单人床、双人床之分，还涵盖了多种材质和风格，如实木床的自然质感、软床的柔软包裹感等，以适应不同人群的喜好和睡眠习惯。

图 2-8
坐卧类家具

2. 凭倚类家具

凭倚类家具主要供人们依靠或支撑身体，常用于辅助人们进行一些特定的动作或活动。桌子是凭倚类家具的典型代表，它具有平坦的桌面和稳定的支撑结构，可用于放置物品、书写、用餐、工作等。根据使用场景的不同，桌子又可分为餐桌、书桌、茶几、办公桌等。餐桌（图 2-10）通常尺寸较大，便于多人同时用餐，其设计需兼顾实用性和美观性，以营造良好的就餐氛围；书桌则注重桌面的平整度和足够的空间，方便放置书籍、文具等学习用品，同时还会配备抽屉等储物空间，便于收纳；茶几（图 2-11）一般放置在沙发旁边，用于摆放茶杯、杂志等小件物品，其高度和造型设计需与沙发相协调，以方便人们使用；办公桌除满足基本的书写、放置办公用品的需求外，还会根据不同的工作性质配备电脑支架、文件柜等辅助设施，以提高工作效率。

图 2-9
明代黄花梨带门圈子架子床

图 2-10
餐桌
（设计者：王所玲、康军雁）

图 2-11
叶形茶几

3. 贮存类家具

贮存类家具主要用于存放物品，提供充足的储物空间和合理的收纳方式，以帮助人们更好地收纳和管理各类物品，保持室内环境的整洁有序。常见的贮存类家具包括衣柜、橱柜、书柜、酒柜等。衣柜是存放衣物的主要家具，其内部结构通常根据衣物的种类和使用频率进行分区设计，如挂衣区、叠衣区、抽屉区等，以满足不同衣物的收纳需求，同时会配备镜子、挂钩等辅助设施，方便人们整理仪容和取用配饰，见图 2-12；橱柜主要用于厨房空间，需要根据厨房的操作流程和物品的分类存放进行设计，如烹饪区、洗涤区、储物区等，通过合理的布局和巧妙的收纳设计，厨房用品各得其所，便于取用和清洁，见图 2-13；书柜用于存放书籍、杂志、文件等物品，其搁板间距和层数可根据书籍的尺寸和数量进行调整，部分书柜还会设置玻璃门或开放式展示区，既方便查找书籍，又能起到装饰作用，见图 2-14；酒柜则主要用于存放酒类及相关酒具，其内部通常设有专门的酒架，能够按照酒的种类和存放要求进行摆放，同时会配备恒温、恒湿等设备，以保证酒的品质，见图 2-15。

图 2-12
衣柜
（好乐家作品）

图 2-13
橱柜
（好乐家作品）

图 2-14
书柜
（好乐家作品）

图 2-15
酒柜
（好乐家作品）

2.2.2　按材质分类

1. 木质家具

木质家具以天然的纹理、温润的质感以及良好的加工性能而备受人们喜爱。木材种类繁多，如实木、人造板等。实木家具采用天然木材制作，具有独特的纹理和色泽，每一件实木家具都如同一件自然的艺术品，展现出木材的原始魅力（图 2-16）。其质地坚硬、耐用，且具有良好的透气性和吸湿性，能够随着环境湿度的变化而调节自身的含水量，从而使室内环境保持相对稳定。

实木家具价格相对较高，且对环境湿度较为敏感，容易因干燥或潮湿而出现开裂、变形等问题。人造板家具则是以木质纤维或木质颗粒为原料，经过加工制成板材，再制作成的家具。人造板具有价格相对较低、尺寸稳定性较好、不易变形开裂等优点，且可通过贴面、涂饰等工艺模拟出各种木材的纹理和颜色，满足不同风格的室内装饰需求。

图 2-16
中式椅
（设计者：汉斯·瓦格纳）

2. 金属家具

金属家具以坚固耐用、线条流畅、现代感强等特点在家具市场中占有一席之地。常见的金属材质有铁、铝、不锈钢等。铁质家具具有较高的强度和稳定性，能够承受较大的重量，常用于制作一些承重要求较高的家具，如铁床、铁柜等，但其表面容易生锈，需要进行防锈处理，如喷漆、电镀等，图 2-17 所示是用镀铬钢杆制成的钻石椅。铝质家具则相对较轻，具有良好的耐腐蚀性和可塑性，可通过挤压、铸造等工艺制成各种复杂的形状，常用于制作户外家具、现代风格的室内家具等，其表面可进行阳极氧化、喷砂等处理，以获得不同的质感和颜色，甚至可以粘上皮垫子，见图 2-18。不锈钢家具不仅强度高、耐腐蚀性好，而且具有独特的金属光泽，能够为室内空间增添时尚感和科技感，常用于制作餐桌椅、茶几、橱柜等家具，其表面处理方式多样，可进行拉丝、抛光等工艺处理，以满足不同的装饰需求。金属家具在设计上通常注重简洁的线条和几何造型，与现代简约、工业风等室内风格相契合，能够营造出简洁明快、时尚大气的空间氛围。

3. 塑料家具

塑料家具以轻便、色彩丰富、价格低廉等优势，在一些特定的使用场景中得到了广泛应用。塑料材质具有良好的可塑性，能够通过注塑、吹塑等工艺制成各种形状和尺寸的家具部件，再进行组装成型。塑料家具的色彩鲜艳多样，可以通过添加不同的颜料实现各种颜色的搭配，为室内空间带来活泼、生动的视觉效果，见图 2-19。此外，塑料家

图 2-17（左）
钻石椅
（设计者：哈里·贝尔托亚）

图 2-18（右）
铝合金椅
（设计者：西尔万·杜比松）

图 2-19
番茄椅
（设计者：艾洛·阿尼奥）

具还具有一定的防水、防潮性能，适合在一些潮湿的环境中使用，如浴室、阳台等。然而，塑料家具的强度和耐用性相对较差，容易受到外力的作用而损坏，且在高温环境下可能会出现变形、褪色等问题，其质感和档次也相对较低，因此在一些对家具品质和风格要求较高的场合使用较少。常见的塑料家具包括塑料凳、塑料桌、塑料储物柜等，多用于儿童房、户外休闲区等对家具功能性和安全性要求较高，而对美观性要求相对较低的场所。

4. 玻璃家具

玻璃家具以通透、晶莹剔透的质感和独特的视觉效果，为室内空间增添了一份轻盈与时尚。玻璃材质具有良好的透光性，能够使光线在空间中更好地传播，从而使室内显得更加明亮开阔。玻璃家具的造型简洁大方，线条流畅，常采用几何形状或简约的设计风格，与现代简约、北欧等室内风格相融合，能够营造出清新、自然、时尚的空间氛围。然而，玻璃家具的强度相对较低，容易破碎，存在一定的安全隐患，因此在设计和使用时需特别注意边角的处理和防护，以防止意外伤害。

常见的玻璃家具包括玻璃茶几、玻璃餐桌、玻璃展示柜等。玻璃茶几通常采用钢化玻璃制作，具有较高的强度和安全性，其透明的桌面能够使下方的物品清晰可见，为客厅空间增添一份轻盈感；玻璃餐桌则以简洁的造型和良好的透光性，使餐厅空间显得更加宽敞明亮，同时玻璃材质也便于清洁和维护；玻璃展示柜可用于展示珍贵的收藏品、装饰品等，其透明的柜门能够让人清晰地欣赏到内部物品的细节，起到良好的展示作用，见图 2-20。

5. 软体家具

软体家具主要指以海绵、泡沫、弹簧等软质材料为填充物，外覆织物、皮革等面料制成的家具，如沙发、床垫、软床等。这类家具具有柔软、舒适、富有弹性的特点，能够为人们提供良好的身体支撑和包裹感，满足人们对于休息、放松的需求。

沙发是最常见的软体家具之一，其内部的弹簧和海绵填充物能够根据人体的重量和姿势进行相应的形变，使身体各部位得到均匀的支撑，缓解肌肉疲劳。同时，其外覆的面料具有多种颜色、图案和质感可供选择，能够满足不同室内风格的装饰需求，见图 2-21。

图 2-20
玻璃展示柜

图 2-21
鹅卵石沙发

床垫是影响睡眠质量的关键因素之一，其内部的弹簧系统或记忆棉等材料能够为人体提供良好的支撑和缓冲，使脊椎保持自然的生理曲线，减少身体压力，提高睡眠质量。软床则结合了床架和床垫的特点，床架部分通常采用实木、金属等材质制作，具有一定的支撑性和稳定性，而床垫部分则采用软体材料填充，为人们提供舒适的睡眠体验，其整体造型多样、风格各异，能够与不同的卧室风格相搭配。

2.2.3　按风格分类

1. 现代简约风格家具

现代简约风格家具具有简洁的线条、纯粹的色彩和实用的功能，强调去除多余的装饰，突出家具的本质和实用性。在造型上，现代简约风格家具通常采用简单的几何形状，如直线、矩形、圆形等，通过这些基本形状的组合和变化，创造出简洁而富有现代感的外观。在色彩方面，以白色、黑色、灰色等中性色调为主，辅以少量的亮色或原木色作为点缀，营造出清新、明亮、宁静的空间氛围，见图 2-22。在材质上，广泛使用玻璃、金属、实木等材质，通过不同材质的搭配和对比，展现出简洁而富有质感的视觉效果。

现代简约风格家具注重功能性和人体工程学设计，其内部结构和细节处理都充分考虑了人们的使用习惯和舒适度，使家具在满足基本功能的同时，能够为人们提供更加便捷、舒适的生活体验。例如，现代简约风格的沙发通常采用简洁的造型，没有过多的装饰线条和繁复的图案，座面和靠背的尺寸经过精心设计，能够为人体提供良好的支撑和包裹感；

图 2-22
现代简约风格家具

书桌则以简洁的桌面和实用的抽屉设计为主，方便人们放置书籍、文具等物品，同时留出足够的空间进行学习和工作。

2. 北欧风格家具

北欧风格家具起源于斯堪的纳维亚半岛，以自然、简洁、实用的设计理念和独特的地域文化特色而受到全球消费者的喜爱。北欧风格家具在造型上注重线条的流畅和简洁，通常采用柔和的曲线和简洁的直线相结合的方式，营造出温馨、舒适、自然的感觉。在色彩方面，以浅色调为主，如白色、米色、浅灰色等，这些颜色能够使室内空间显得更加明亮、宽敞，同时也会搭配一些木质的原色或淡雅的色彩作为点缀，增添一丝温暖和活力。在材质上，大量使用天然木材，如松木、橡木等，这些木材具有自然的纹理和质感，能够展现出北欧地区人们对自然的崇尚和热爱。

北欧风格家具的设计注重功能性和人性化，其尺寸和造型都充分考虑了人体的尺寸和使用习惯，使家具在使用过程中更加舒适、便捷。例如，北欧风格的椅子通常采用简洁的造型，椅背和椅座的尺寸经过精心设计，能够贴合人体的曲线，提供良好的支撑，见图 2-23；衣柜则注重内部的收纳设计，通过合理的分区和巧妙的抽屉布局，使衣物的存放和取用都更加方便。

3. 中式风格家具

中式风格家具承载着深厚的中国文化底蕴和传统工艺，其设计融合了中国古代建筑、绘画、雕刻等艺术元素，展现出独特的东方韵味。在造型上，中式风格家具注重对称、均衡和比例的把握，通常采用复杂的线条和精美的雕刻装饰，如云纹、回纹、龙凤纹等，这些雕刻图案不仅具有美观的视觉效果，还蕴含丰富的文化寓意。在色彩方面，以红色、黑色、棕色等传统色彩为主，这些颜色象征着吉祥、庄重和稳重，能够营造出古朴、典雅、庄重的空间氛围。在材质上，广泛使用黄花梨、紫檀、酸枝木、鸡翅木等珍贵木材，这些木材质地坚硬、纹理美观、色泽温润，经过精心的打磨和雕刻，能够展现出中式家具的奢华与精致，见图 2-24。

图 2-23（左）
北欧风格座椅
（设计者：汉斯·瓦格纳）

图 2-24（右）
元代黄花梨交椅

中式风格家具的设计注重整体的和谐与统一，其造型、色彩和材质相互呼应，共同营造出浓厚的中式文化氛围。例如，中式风格的床通常采用四柱床的设计，床身雕刻精美，床围和床头部分采用传统的图案装饰，展现出庄重、典雅的气质；书柜则注重对称的布局和层次感的营造，采用雕刻和镶嵌等工艺，使书柜成为一件具有艺术价值的家具。

4. 欧式风格家具

欧式风格家具以奢华、浪漫、精致的特点而闻名于世，它融合了欧洲各国的建筑、艺术和文化元素，展现出独特的欧洲风情。在造型上，欧式风格家具通常采用复杂的曲线和华丽的雕刻装饰，如卷草纹、莨苕叶纹、天使雕塑等，这些雕刻图案精美细腻，富有艺术感和立体感，能够营造出奢华、浪漫的视觉效果。在色彩方面，以金色、白色、米色等柔和的色调为主，辅以深色的木材或金属作为点缀，展现出高贵、典雅的气质。在材质上，广泛使用实木、金属、皮革、织物等多种材质，通过不同材质的搭配和组合，展现出欧式家具的奢华与精致，见图 2-3。

欧式风格家具的设计注重细节的处理和整体的协调性，其造型、色彩和材质相互融合，共同营造出浪漫、奢华、典雅的空间氛围。例如，欧式风格的沙发通常采用宽大的座面和高耸的靠背，沙发表面覆盖精美的织物或皮革，边缘部分采用金色的装饰线条或雕刻图案，营造出奢华、浪漫的感觉；餐桌则注重造型的华丽和精致，桌面采用大理石或实木材质，桌腿部分雕刻精美，展现出高贵、典雅的气质，见图 2-25。

2.2.4 按使用空间分类

1. 客厅家具

客厅是家中用于接待客人、休闲娱乐的主要场所，其家具配置需兼顾实用性和美观性，营造出温馨、舒适、大气的空间氛围。常见的客厅家具包括沙发、茶几、电视柜、电视墙装饰柜、展示柜等。沙发是客厅的核心家具之一，其造型和尺寸需根据客厅的空间大小和布局方式进行选择，通常采用 L 型、U 型或一字型等布局方式，以满足多人同时就座

图 2-25
欧式风格家具 2

和交流的需求。茶几放置在沙发前方，用于摆放茶杯、杂志、水果等物品，其高度和尺寸需与沙发相匹配，方便人们使用，见图 2-25。电视柜用于放置电视机及相关设备，其设计需考虑电视机的尺寸和散热需求，同时还会配备抽屉、柜门等储物空间，用于存放遥控器、影碟等物品。电视墙装饰柜则主要用于展示装饰品、收藏品等，通过巧妙的灯光设计和造型搭配，能够为客厅增添艺术氛围。展示柜可用于展示酒、书籍、工艺品等物品，其透明的玻璃门和精美的造型设计，既方便人们欣赏内部物品，又能起到装饰作用。

2. 餐厅家具

餐厅是家中用于用餐的场所，其家具配置需满足用餐的功能需求，同时营造出舒适、愉悦的用餐氛围。主要的餐厅家具包括餐桌、餐椅、餐边柜等。餐桌是餐厅的核心家具，其尺寸和形状需根据餐厅的空间大小和家庭成员数量进行选择，常见的有圆形、正方形、长方形等形状。圆形餐桌适合小型餐厅或家庭聚餐，能够营造出亲切、温馨的氛围；正方形和长方形餐桌则适用于较大的餐厅，能够容纳更多的人同时用餐。餐椅需与餐桌相匹配，其高度和座面尺寸需符合人体工程学的要求，为人们提供舒适的坐姿。餐边柜用于存放餐具、酒、食品等物品，其设计需考虑实用性和美观性，通常配备抽屉、柜门、开放格等，方便人们分类存放物品，同时能起到装饰餐厅墙面的作用，见图 2-26。

3. 卧室家具

卧室是人们休息和睡眠的主要场所，其家具配置需注重舒适性和私密性，营造出安静、温馨、放松的空间氛围。常见的卧室家具包括床、床垫、床头柜、衣柜、梳妆台等。床是卧室中最重要的家具，其尺寸和造型需根据卧室的空间大小和个人喜好进行选择，通常具有单人床、双人床等规格。床垫的质量直接影响睡眠质量，需选择符合人体工程学设

图 2-26
餐厅家具

计、具有良好支撑性和舒适度的床垫。床头柜放置在床头两侧，用于摆放台灯、闹钟、手机等物品，方便人们在睡前和起床时使用。衣柜用于存放衣物、被褥等物品，其内部结构需合理分区，满足不同衣物的收纳需求。梳妆台则主要用于化妆和整理仪容，其设计需考虑镜子的大小和角度、化妆品的收纳空间以及使用时的舒适度等因素，见图 2-27。

图 2-27
卧室家具

4. 书房家具

书房是人们进行阅读、学习、工作的场所，其家具配置需满足专注、安静的工作和学习需求，同时营造出文化氛围和舒适感，见图 2-28。主要的书房家具包括书桌、书椅、书柜、电脑桌等。书桌需具有足够的桌面空间，方便放置书籍、文具、计算机等物品，同时会配备抽屉、柜门等储物空间，用于存放文件、资料等。书椅需符合人体工程学的要求，具有良好的支撑性和舒适度,能够缓解久坐导致的疲劳。书柜用于存放书籍、杂志、文件等物品,其设计需考虑书籍的分类存放和取用方便性,通常采用多层搁板和柜门相结合的方式。电脑桌则专门用于放置计算机及相关设备,其设计需考虑计算机的散热、线缆管理以及人体使用计算机时的舒适度等因素。

图 2-28
书房家具

5. 厨房家具

厨房是家中用于烹饪和准备食物的场所,其家具配置需满足厨房的操作流程和功能需求,同时注重实用性和易清洁性。主要的厨房家具包括橱柜、灶台、水槽、冰箱等。橱柜是厨房中最重要的家具,其设计需考虑厨房的空间布局、操作流程和物品存放需求,通常采用地柜、吊柜、高柜等多种形式相结合的方式,合理划分烹饪区、洗涤区、储物区等功能区域,见图 2-29。灶台需根据厨房的燃气类型和烹饪习惯进行选择,其高度和尺寸需符合人体工程学的要求,方便人们操作。水槽用于清洗食材和餐具,其材质需耐腐蚀、易清洁,同时会配备龙头、过滤网等配件。冰箱用于储存食物,其容量和功能需根据家庭成员数量和饮食习惯进行选择,通常放置在厨房的合适位置,方便取用。

6. 卫生间家具

卫生间是家中用于洗漱、沐浴、如厕的场所,其家具配置需满足卫生间的功能需求,同时注重防水、防潮和易清洁性。常见的卫生间家具包括浴室柜、马桶、淋浴房、浴缸等。浴室柜用于存放洗漱用品、化妆品等物品,其设计需考虑防水、防潮性能,通常采用防水板材、不锈钢等材质制作,同时会配备镜子、抽屉、柜门等多种功能部件,见图 2-30。马桶是卫生间中必不可少的家具,其质量和性能直接影响使用的舒适度和卫生状况,需选择具有良好排水性能、节水功能和坐感舒适的马桶。淋浴房用于划分干湿区域,其材质需透明、防水、易清洁,同时会配备淋浴喷头、花洒、置物架等配件。浴缸则用于泡澡放松,其尺寸和形状需根据卫生间的空间大小和个人喜好进行选择,通常采用铸铁、亚克力等材质制作,具有良好的保温性能和舒适度。

图 2-29
厨房家具

图 2-30
卫生间家具

2.3 家具设计的历史演变

家具设计的历史演变是一部丰富多彩的人类文明发展史。从远古时期简单的石制、木制工具，到现代高科技、多功能的家具产品，家具设计见证了人类生活方式的变迁、技术的进步以及审美的演进。

2.3.1 古代家具

1. 原始社会时期家具

在人类社会的早期阶段，家具的概念尚未形成，人们主要使用天然的石头、木头等材料来满足基本的生活需求。例如，利用大石头作为坐具或研磨工具，用树枝和藤条搭建简易的棚架来存放物品。这些原始的"家具"虽然简单粗糙，却体现了人类最初的创造智慧和对改善生活条件的渴望。

2. 古文明时期家具

随着人类文明的发展，一些古老的文明如埃及、美索不达米亚、印度、中国等开始出现较为成熟的家具设计。在古埃及，家具设计已经具有一定的艺术性和象征意义。法老和贵族们使用的家具多采用珍贵的木材和石材制作，表面雕刻精美的图案，如莲花、纸莎草等植物纹样以及神话中的动物形象，展现出古埃及人对自然和神灵的崇拜。同时，家具的造型也较为独特，如带有狮腿的宝座（图 2-31）、弯曲的靠

图 2-31
埃及法老图坦卡蒙的御用金椅

背椅等，不仅具有实用性，还彰显了使用者的身份和地位。

在中国古代，家具设计同样源远流长。早在商周时期，就出现了简单的几、案等家具。春秋战国时期，家具的种类逐渐增多，如床、榻、屏风等。这一时期的家具设计注重实用性和礼仪性，反映了当时社会的等级制度和文化观念。图 2-32 所示是河南信阳楚墓出土的战国早期彩漆木床（复制品）。床的使用不仅是为了休息，还具有一定的礼仪功能，不同身份的人使用的床在尺寸、装饰等方面都有严格的规定。汉代是中国古代家具发展的一个重要时期，家具的制作工艺和装饰手法都有了显著的进步。漆器家具开始流行，其表面涂饰的漆不仅具有防腐、防潮的作用，还能使家具呈现出绚丽的色彩和光泽。图 2-33 所示是马王堆汉墓出土的彩绘漆屏风，是目前所见保存完整的汉初彩绘漆屏风实物之一。同时，家具的造型也更加多样化，出现了各种造型优美的几、案、椅、凳等。

图 2-32
战国早期彩漆木床（复制品）

图 2-33
汉初彩绘漆屏风

2.3.2　中世纪时期家具

1. 欧洲中世纪

在欧洲中世纪，家具设计受到了宗教和封建制度的深刻影响。这一时期的家具多用于教堂和贵族的城堡，具有浓厚的宗教色彩和封建等级观念。教堂中的家具如祭坛、讲坛、唱诗班座椅等，通常采用厚重的木材制作，雕刻精美的宗教图案，如圣经故事、圣徒形象等，展现出庄严、肃穆的氛围，见图 2-34。贵族城堡中的家具则更加豪华和精致，如大型的木制床架，四周雕刻复杂的花纹和图案，床幔和帷帐则采用华丽的织物制作，彰显贵族的富有和权力。然而，由于中世纪社会相对封闭和保守，家具设计在这一时期的发展相对缓慢，造型和装饰手法较为单一。

2. 中国封建社会时期

在中国封建社会，家具设计继续沿着实用性和礼仪性的方向发展，并逐渐形成了独特的风格和体系。唐代是中国封建社会的鼎盛时期，家具设计也达到了新的高度。唐代家具的造型大气、稳重，线条流畅而富有力度，装饰手法多样，既有精美的雕刻，又有绚丽的

彩绘。例如，盛唐画家周昉的《宫乐图》(图 2-35)
中体量庞大、装饰精美的食案和妇人们坐的造型浑
厚、优美的月牙凳，将盛唐以肥为美、以圆为美的
美学观点发挥得淋漓尽致。同时，随着对外交流的
增加，唐代家具吸收了一些外来文化元素，如波斯
的花纹图案等，使家具更加丰富多彩。宋代家具则
以简约、雅致而著称。宋代文人追求高雅的生活情
趣，对家具的设计也提出了更高的要求。例如，赵
佶的《听琴图》(图 2-36)中的香几和琴桌，展现了
宋代家具的造型简洁大方，注重线条的流畅和比例
的协调，装饰上多采用素雅的图案，如山水、花鸟
等，体现出清新脱俗的审美情趣。明清时期，家具
设计达到了中国古代家具发展的巅峰。明代家具以
精湛的工艺、严谨的结构和优美的造型而闻名于世，
被誉为"明式家具"。明式家具多采用硬质木材制
作，如黄花梨、紫檀等，这些木材质地坚硬、纹理
美观，经过精心的打磨和雕刻，展现出家具的自然
质感和艺术魅力，见图 2-37。清代家具则在明代的
基础上，更加注重装饰性和豪华感，雕刻、镶嵌、
描金等装饰手法被广泛应用，使家具呈现出富丽堂
皇的效果，但也逐渐失去了明代家具的一些简约之
美，见图 2-38。

图 2-34
中世纪时期的陈列柜

图 2-35
周昉的《宫乐图》

图 2-36
赵佶的《听琴图》

图 2-37（左）
明代黄花梨圈椅

图 2-38（右）
清代红木金漆嵌象牙宝座和座屏

2.3.3　近代家具

1. 欧洲工业革命时期

18 世纪末至 19 世纪，欧洲的工业革命使家具设计发生了前所未有的变革。随着机器生产的兴起和新材料的应用，家具的生产效率大大提高，成本也逐渐降低，使得家具更加普及。这一时期，铁、玻璃等新材料开始被用于家具制造，出现了铁床、铁艺家具、玻璃桌面家具等新型家具。同时，家具的造型和装饰风格也发生了变化，新古典主义和浪漫主义风格盛行，家具设计更加注重对古代艺术的模仿和再现，同时融入了一些浪漫的情感和个性化的元素。然而，由于过度追求装饰效果和生产效率，这一时期的家具设计出现了一些问题，如家具的质量参差不齐、装饰过于烦琐等。

2. 新艺术运动时期

19 世纪末至 20 世纪初，新艺术运动在欧洲兴起，对家具设计产生了深远的影响。新艺术运动的设计师们反对过度的装饰和传统的设计风格，主张回归自然，强调设计与自然的和谐统一。在家具设计中，他们大量采用植物、动物等自然形态作为装饰元素，如弯曲的枝条、盛开的花朵、灵动的鸟类等，通过简洁而流畅的线条将其巧妙地融入家具的造型之中，创造出清新、自然、富有生机的家具风格。同时，新艺术运动的设计师们还注重材料的自然质感和手工制作的工艺，使家具既有自然之美，又有独特的艺术魅力。这一时期的代表设计师有安东尼·高迪、埃米尔·加莱等，他们的作品至今仍被视为经典之作，如安东尼·高迪设计的卡佛椅，其充满雕塑感的造型元素具有强烈的骨质感，心形靠背、弯曲的扶手、球形椅脚等，极具生命力和灵动感，见图 2-39。

2.3.4　现代家具

1. 现代主义时期

20 世纪初至中叶，现代主义设计运动在欧洲兴起，对家具设计产生了革命性的影响。现代主义设计师们倡导"形式追随功能"的设计理念，强调家具设计应以满足人的使用需求为首要目标，摒弃一切不必要的装饰。在造型上，现代主义家具多采用简洁的几何形状，如直线、矩形、圆形等，通过简单的形体组合和空间划分，创造出简洁明快、功能性强的家具造型。在材料上，现代主义设计师们大胆尝试各种新型材料，如钢管、玻璃、胶合板等，这些材料不仅具有良好的物理性能，还能使家具产生独特的视觉效果。在色彩上，现代主义家具多采用黑色、白色、灰色等中性色调，以及原木色等自然色调，营造出简洁、朴素、宁静的空间氛围。这一时期的代表设计师有密斯·凡德罗、勒·柯布西耶、马歇尔·拉尤斯·布劳耶等，他们设计的家具作品如瓦西里椅（图 2-40）、巴塞罗那椅（图 2-41）、LC 系列椅等，以简洁的造型、精湛的工艺和卓越的功能性，成为现代家具设计的经典之作，对后世的家具设计产生了深远的影响。

图 2-39
卡佛椅
（设计者：安东尼·高迪）

图 2-40
瓦西里椅
（设计者：马歇尔·拉尤斯·布劳耶）

图 2-41
巴塞罗那椅
（设计者：密斯·凡德罗）

2. 后现代主义时期

20 世纪中叶至末期，后现代主义设计思潮逐渐兴起，对现代主义设计形成了一定的反叛和补充。后现代主义设计师们认为现代主义设计过于冷漠、单调，缺乏个性和情感表达，因此，他们主张在设计中重新引入装饰、象征、隐喻等元素，强调设计的多样性和趣味性。在家具设计中，后现代主义设计师们打破了现代主义的几何造型和中性色调的限制，大胆采用各种奇特的造型、鲜艳的色彩和丰富的材料，创造出具有强烈视觉冲击力和个性化的家具作品。同时，他们还注重对历史文化的引用和再创造，将不同时期、不同风格的元素进行混合搭配，使家具设计呈现出多元、复杂、富有层次感的风格。这一时期的代表设计师有埃托·索特萨斯、菲利普·斯塔克、迈克尔·格雷夫斯等，他们的作品如索特萨斯的"孟菲斯"系列家具中的 Carlton 书架（图 2-42），绚丽的色彩和奇异的造型，以及过多的斜面与分割设计使其置物

图 2-42
Carlton 书架
（设计者：埃托·索特萨斯）

功能被大大削弱，成为观赏性十足的艺术品。这种为了"美"而非为了"功能"的非理性设计，奠定了其作品"反机械"的基调。

2.3.5 当代家具

进入 21 世纪，随着科技的飞速发展、全球化进程的加速以及人们生活方式和审美观念的不断变化，当代家具设计呈现出更加多元化、个性化、智能化的趋势。

在设计理念上，当代设计师们更加注重人与家具、家具与环境之间的和谐共生，强调设计的人文关怀和可持续性。在造型设计上，他们不再局限于传统的几何形态和风格划分，而是更加自由地发挥创意，将抽象艺术、自然形态、科技元素等多种灵感融入家具造型之中，创造出具有未来感、艺术感和科技感的家具作品。在材料应用上，当代家具设计广泛采用各种高科技材料和环保材料，如碳纤维、纳米材料、竹材、再生塑料等，这些材料不仅具有优异的性能，还能减少对环境的污染。例如，图 2-43 所示的"轻轻型"扶手椅，芯材是蜂窝状的聚酰胺，面上覆盖已浸透环氧树脂的碳化纤维，总重量约 1kg。在功能设计上，智能化成为当代家具设计的重要发展方向，通过嵌入传感器、芯片、无线通信模块等智能元件，家具具备了自动调节、远程控制、互动交流等多种功能，为人们的生活带来了更加便捷、舒适和智能化的体验。

图 2-43
"轻轻型"扶手椅
（设计者：阿尔伯特·梅达）

同时，随着全球化的影响，不同国家和地区的文化交融日益频繁，当代家具设计也呈现出跨文化的趋势，设计师们从世界各地的文化遗产、民间艺术、传统工艺中汲取营养，将多元文化元素进行融合创新，设计出兼具全球视野和本土特色的家具作品，满足了不同消费者对于个性化、多样化家具的需求。

2.4 家具设计原则

家具设计是一项综合性的创造性活动，它不仅需要满足人们的使用需求，还要符合审美标准、技术规范和社会文化要求。为了确保家具设计的质量和效果，设计师必须遵循一系列基本原则。这些原则是家具设计成功的关键，它们贯穿设计的全过程，从概念构思到最终产品的实现，为设计师提供了明确的指导和方向，帮助他们创造出既实用又美观、既创新又可靠的家具作品。

2.4.1 功能性原则

家具设计的核心在于功能性，这是满足用户基本需求的基础。设计师必须确保每件家具都能高效地实现其预定功能，无论是提供舒适的坐卧体验，还是满足物品的存储需求。功能性的实现不仅依赖合理的尺寸和结构设计，还需考虑家具在实际使用中的便捷性和实用性。例如，家具的开合部件应设计得易于操作，存储空间的布局应便于物品的存取。

此外，功能性原则要求设计师深入理解使用环境的特点。不同的空间对家具的功能和尺寸有不同的要求。在有限的空间内，家具应具备多功能性，以适应多变的使用场景和空间限制。同时，家具的外观和尺寸应与室内环境的其他元素相协调，形成和谐统一的整体，提升空间的整体美感和功能性。

2.4.2　审美性原则

审美性是家具设计中不可或缺的要素，它直接影响家具的市场接受度和用户的使用体验。家具的造型设计应追求简洁、流畅的线条和和谐的形状，以提升其视觉吸引力。不同的风格和造型能够满足不同用户的审美需求和室内装饰风格。设计师应根据家具的功能和使用环境选择合适的造型风格，使家具既美观又实用。

色彩搭配在家具设计中起着至关重要的作用。合适的色彩不仅能够营造出独特的氛围和情感，还能增强家具的视觉效果。设计师应根据家具的风格、使用环境和目标用户群体的喜好，选择恰当的色彩搭配方案。色彩搭配应遵循一定的规律和原则，如对比色搭配、邻近色搭配、同色系搭配等，以确保色彩之间的和谐统一，避免产生过于刺眼或杂乱的效果。

材质与质感的选择也是审美性的重要组成部分。不同的材质具有不同的视觉和触觉效果，能够为家具增添丰富的细节和层次感。设计师应根据家具的风格和使用环境，合理选择和搭配不同的材质，使家具的外观和触感相得益彰。同时，材质的选择还应考虑其环保性和耐用性，优先选用可再生、可回收、无污染的环保材料，以减少对环境的影响。

2.4.3　经济性原则

经济性原则要求设计师在满足功能和审美需求的前提下，控制生产成本，提高家具产品的市场竞争力。成本控制可以通过优化设计、选择性价比高的材料和生产工艺来实现。例如，采用标准化、模块化的设计方法，可以减少生产过程中的浪费和复杂性，提高生产效率，从而降低成本。同时，选择合适的材料，如经济型木材或人造板，可以在保证质量的同时，降低材料成本。

市场定位是经济性原则的另一重要方面。不同的细分市场对价格的敏感度不同。设计师应根据目标市场的需求和预算，进行合理的设计和定价。例如，针对大众市场，设计简洁、实用且价格适中的家具，以满足大多数消费者的需求；针对高端市场，设计豪华、精致且具有独特感的家具，以吸引高端消费者。通过精准的市场定位，设计师可以更好地平衡成本和价格，提高产品的市场接受度。

生命周期成本也是经济性原则的重要考量因素。除了初始生产成本，家具的生命周期成本还包括维护、修理和更换成本。设计耐用、易于维护的家具可以减少长期使用中的额外成本。例如，选择耐磨损、耐腐蚀的材料，可以延长家具的使用寿命；设计易于拆卸和清洁的结构，可以方便用户进行日常维护。通过考虑生命周期成本，设计师不仅能够满足用户短期的经济需求，还能在长期使用中为用户节省成本。

2.4.4 创新性原则

创新是家具设计的生命力所在，它推动家具行业不断向前发展。设计创新要求设计师不断探索新的设计理念和方法，突破传统思维的限制。例如，采用新的材料组合，如将木材与金属、玻璃与软体材料相结合，创造出独特的视觉效果和使用体验。利用先进的技术，如 3D 打印、智能传感器等，开发具有创新功能的家具。设计多功能、可变形的家具，以适应多变的使用需求和突破空间限制。

功能创新是提升家具实用性和竞争力的关键。设计师应关注用户的新需求和新生活方式，开发具有创新功能的家具。例如，设计带有无线充电功能的桌子、可调节高度的椅子、带有隐藏储物空间的床等。这些创新功能不仅能够提高用户的使用便利性，适应现代人的生活方式，还能为家具产品增加附加值，使其在市场中脱颖而出。

市场创新是家具设计成功的重要保障。设计师应关注市场趋势和消费者需求的变化，开发符合市场需求的创新产品。例如，针对环保意识日益增强的消费者，设计环保、可持续的家具；针对年青一代的消费者，设计具有个性化、时尚感的家具。通过市场创新，设计师不仅能够满足当前市场的需求，还能引领市场趋势，创造新的市场需求。

2.4.5 可持续性原则

可持续性是现代家具设计的重要方向，它要求设计师在设计过程中考虑环境保护和社会责任。选择环保材料是实现可持续性的关键步骤。优先选用可再生、可回收、无污染的材料，如经过相关环保认证的木材、竹材、藤材、再生塑料等，可以减少对自然资源的消耗和对环境的破坏。这些材料不仅具有良好的物理和化学性能，还能在使用寿命结束后进行回收利用或自然降解，对环境无害。

资源的循环利用是可持续性的重要体现。在家具生产过程中，应尽量减少原材料的浪费，提高材料的利用率。例如，通过优化设计和加工工艺，减少边角料的产生；对产生的边角料和废料进行分类回收和再利用等。在家具使用过程中，鼓励用户对家具进行合理的维护和保养，延长家具的使用寿命；当家具不再使用时，应进行回收处理，将其拆解为可回收的材料和部件，实现资源的循环利用。

全生命周期设计是可持续性的全面体现。设计师应从产品的全生命周期角度出发，考虑家具的设计、生产、使用和废弃处理等各个阶段对环境的影响。在设计阶段，采用模块化、标准化的设计方法，使家具的部件可以方便地拆卸、更换和升级，提高家具的可维护性和可扩展性；同时，还应考虑家具的包装设计，采用环保、可回收的包装材料，减少包装废弃物的产生。在生产阶段，采用节能、减排、降耗的生产工艺和设备，降低生产过程中的能源消耗和污染物排放；同时，还应加强对生产过程中的废弃物管理和资源回收利用，实现生产过程的绿色化。在使用阶段，通过合理的家具设计和使用指导，提高用户的使用体验和满意度，延长家具的使用寿命；同时，还应鼓励用户对家具进行合理的维护和保养，减少家具的损坏和废弃。在废弃处理阶段，应建立完善的家具回收体系，对废弃家具进行分类回收和再利用，实现资源的最大化利用和环境的最小化影响。

2.4.6　叙事性原则

叙事性原则强调家具设计应具有讲述故事的能力，通过设计传达特定的文化、历史或个人情感。家具不仅是功能性和审美的载体，还能成为连接用户与设计师、用户与用户之间情感的桥梁。设计师可以通过家具的造型、装饰、材料选择等元素，融入特定的文化符号或历史元素，使家具成为文化的传播者。例如，传统家具设计中的雕刻图案、色彩运用等，往往蕴含丰富的文化寓意和历史故事，能够引发用户的情感共鸣。

此外，叙事性原则还体现在家具与用户生活故事的融合上。家具可以记录用户的生活轨迹，成为家庭记忆的一部分。设计师在设计过程中，应考虑家具如何与用户的生活故事相结合，使家具不仅仅是物品，更是情感和记忆的载体。通过叙事性设计，家具能够超越其物质形态，成为具有生命力和情感价值的存在，为用户的生活增添更多的意义。

2.5　智能时代家具设计的新范式

在智能科技浪潮的推动下，家具设计领域正经历前所未有的变革。传统的家具设计模式正在被重新定义，智能时代家具设计的新范式逐渐显现。这些新范式不仅代表了设计思路的转变，更是技术进步与设计实践深度融合的体现。

2.5.1　数据驱动的设计创新

在智能时代，数据成为推动家具设计创新的核心驱动力。通过大数据分析、用户行为追踪、市场趋势预测等手段，设计师能够更准确地捕捉用户需求，预测市场变化，从而设计出更加符合市场需求和用户偏好的家具产品。

1. 用户画像的构建

数据驱动的设计创新首先体现在用户画像的构建上。用户画像是一种基于大量数据形成的用户特征描述，它能够帮助设计师深入理解目标用户群体的特征、需求和行为模式。例如，通过收集和分析用户在电商平台上的购买记录、在社交媒体上的互动数据、网络问卷调查结果等信息，设计师可以构建出精细化的用户画像。这些画像不仅包括用户的年龄、性别、地域等基本信息，还涵盖了用户的消费习惯、审美偏好、生活方式等多维度特征。图 2-44 所示是基于电商平台的数据对 25～35 岁年轻女性形成的用户画像，由 AI 生成的懒人沙发。

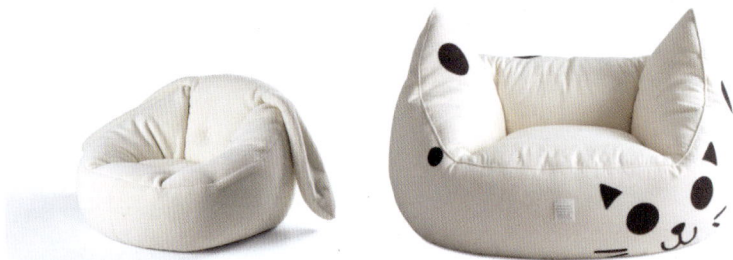

图 2-44
懒人沙发设计图
（设计者：王所玲　谢穗坚）

2. 市场趋势的预测

除用户画像的构建外，数据驱动的设计创新还体现在市场趋势的预测上。通过分析历史销售数据、行业动态、消费者反馈等信息，设计师可以预测未来市场的走向和热门趋势。这种预测能力对于家具设计至关重要，因为它能够帮助设计师提前布局，抢占市场先机。例如，基于沙发市场分析和未来洞察由 AI 生成的"梦露沙发"（图 2-45），投入市场后得到超预期反馈，其实物如图 2-46 所示。

图 2-45
"梦露沙发"设计图
（设计者：周利波）

图 2-46
"梦露沙发"实物图

3. 个性化定制的实现

数据驱动的设计创新还促进了个性化定制的实现。在传统家具设计中，由于信息不对称和成本限制，个性化定制往往难以实现。但在智能时代，通过大数据分析和机器学习技术，设计师可以更加精准地理解每个用户的需求和偏好，从而提供个性化的家具设计方案。例如，一些家具品牌已经开始提供线上定制服务，用户可以通过填写调查问卷或上传家居照片等方式，让设计师了解自己的需求和偏好，从而生成符合个人风格的家具设计方案。

2.5.2　智能化设计的深度融合

智能化设计的深度融合是智能时代家具设计的另一大新范式。随着人工智能、物联网、虚拟现实等技术的不断发展，家具设计正逐步融入更多的智能化元素，为用户带来更加便捷、舒适和个性化的使用体验。

1. 智能化功能的融入

智能化设计的深度融合首先体现在智能化功能的融入上。现代家具已经不仅仅满足于基本的坐卧、储物等功能，而是开始融入更多的智能化元素。智能沙发可以根据用户的体型和坐姿自动调整靠背和座位的倾斜角度，以提供更加舒适的坐姿体验；智能床则可以通过内置的传感器监测用户的睡眠状态，并根据需要调整床垫的硬度和温度，以提高用户的睡眠质量。此外，一些高端家具还配备了语音识别、手势控制等智能化功能，使用户可以通过简单的语音指令或手势操作来控制家具的运行。例如，林氏家居的智能沙发"怎么坐都可椅 2.0"（图 2-47），除拥有工作模式、游戏模式、追剧模式、睡觉模式，以及近两年车企疯狂宣传的零重力模式，还几乎包含天猫精灵所有原生功能，包括播放音频、语音问答、控制其他智能家具等，开关家里的空调、热水器时不再需要亲自动手或寻找遥控器，只要一句语音指令即可实现。

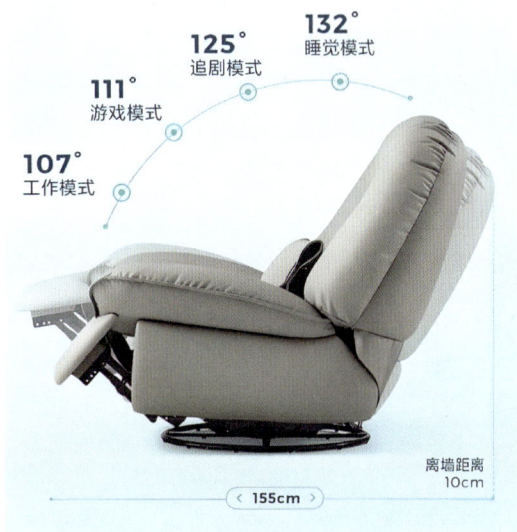

图 2-47
林氏家居的智能沙发"怎么坐都可椅 2.0"

2. 物联网技术的应用

物联网技术是智能化设计深度融合的重要支撑。通过物联网技术，家具可以与家中的其他智能设备实现互联互通，形成智能化的家居生态系统，见图2-48。例如，智能衣柜可以通过物联网技术与智能镜子相连，用户可以通过镜子查看衣柜内的衣物情况，并远程控制衣柜的开关和照明；智能厨房家具则可以通过物联网技术与智能冰箱、智能烤箱等设备相连，实现食材的自动管理和烹饪过程的智能控制。这种互联互通不仅提高了家居生活的便捷性，还为用户带来了更加智能化、个性化的家居体验。

图 2-48
智能家居

3. 虚拟现实技术的应用

虚拟现实技术也是智能化设计深度融合的重要组成部分。通过虚拟现实技术，用户可以在虚拟环境中预览家具的设计效果和使用体验，从而更加直观地了解家具的外观、材质、尺寸等信息，见图2-49。这种预览方式不仅提高了用户的购买决策效率，还降低了实物展示的成本和风险。同时，虚拟现实技术还可以为用户提供个性化的家具定制服务。用户可以在虚拟环境中自由搭配家具的款式、材质和颜色等，以满足自己的个性化需求。这种定制化的服务方式不仅提高了用户的满意度和忠诚度，还为家具品牌带来了更多的商业机会和市场份额。

2.5.3　可持续设计与生态友好

在智能时代，可持续设计和生态友好成为家具设计的新趋势和新要求。随着环保意识的日益增强和全球气候变化的严峻挑战，家具设计必须更加注重可持续性和生态友好性，以减少对环境的负面影响并实现可持续发展。

图 2-49
虚拟现实在家具
中的使用场景

1. 环保材料的应用

可持续设计的核心在于环保材料的应用。在家具设计中，应优先选择可再生、可回收和低碳排放的材料，如竹材、藤材、再生塑料等。这些材料不仅具有良好的环保性能，还能有效降低家具生产过程中的能耗和排放，废弃后还可以用在他处或自然降解。同时，设计师还可以通过创新设计来延长家具的使用寿命并减少浪费。例如，通过模块化设计将家具分解为多个可拆卸和重组的部件，方便用户根据需要进行更换和升级；通过可调节设计使家具能够适应不同场景和需求的变化，从而减少更换新家具的频率和成本。

2. 绿色制造的实现

绿色制造是实现可持续设计的重要途径。在家具制造过程中，应采用低碳环保的生产工艺和设备来降低能耗和排放。例如，采用节水节能的生产设备、优化生产流程和工艺参数等措施来减少资源消耗和废弃物产生。同时，企业还应加强废弃物的回收利用和处置工作，以减少对环境的污染和破坏。通过绿色制造的实现，家具行业不仅可以提高自身的环保水平和社会责任感，还能树立良好的品牌形象和口碑。

3. 循环经济与共享经济相结合

循环经济与共享经济相结合为可持续设计提供了新的思路和模式。循环经济强调资源的循环利用和再利用，通过延长产品的使用寿命、促进废弃物的回收利用等方式来减少资源浪费和环境污染。共享经济则通过共享平台将闲置资源进行有效整合和利用，提高资源利用效率并降低资源浪费。在家具设计中，可以借鉴循环经济和共享经济的理念来推动可持续设计的发展。例如，设计可拆卸和重组的模块化家具来方便用户进行更换和升级；利用共享平台将闲置的家具资源进行整合和利用等。这些措施不仅可以促进资源的循环利用和节约利用，还能满足用户对于个性化和便捷性的需求。

思考与练习

（1）结合本章介绍的功能性、审美性、经济性、创新性、可持续性和叙事性原则，选择一款经典家具产品，分析其在设计过程中如何体现这些原则，并说明这些原则如何相互作用，以提升产品的市场竞争力。

（2）以中式风格家具为例，分析其在设计中如何融入中国传统元素（如榫卯结构、雕刻图案、色彩运用等）。请结合实际案例，讨论如何在现代家具设计中平衡传统与现代元素，以满足当代消费者的需求。

（3）根据本章对家具设计历史演变的总结，预测未来家具设计可能的发展趋势。请从材料、功能、造型、技术等方面展开讨论，并结合 AIGC 技术的潜力，说明 AIGC 对家具设计未来趋势的推动作用。

第 3 章

人体工程学及其应用

3.1 人体工程学基本原理

　　人体工程学（ergonomics），又称人类工效学、人效工程学、人机工程学、人因工程学等。随着 1989 年中国人类工效学学会的成立，"人类工效学"这一命名逐渐被大家接受。但是，在建筑、室内、工业设计等领域普遍使用人体工程学来命名这一学科。国际人类工效学协会（international ergonomics association，IEA）的会章对人类工效学的定义为："这门学科是研究人在工作环境中的解剖学、生理学、心理学等诸方面的因素，研究系统中各组成部分的交互作用（效率、健康、安全、舒适等），研究在工作和家庭中、在休假的环境里，如何实现人—机—环境最优化的问题的学科。"

　　在人、机、环境三个要素中，"人"是指作业者或使用者，人的心理特征、生理特征以及人适应机器和环境的能力都是重要的研究对象。"机"是指机器，但较一般技术术语的意义要广得多，包括人操作和使用的一切产品和工程系统。怎样设计出满足人的要求、符合人的特点的机器产品，是人体工程学探讨的重要问题。"环境"是指人们工作和生活的环境，噪声、照明、气温等环境因素对人的工作和生活的影响是研究的主要对象。人体工程学不是孤立地研究这三个要素，而是从系统的总体高度，将它们看作一个相互作用、相互依存的系统。从系统的角度和高度对人、机、环境三要素进行研究，经过人体工程学的设计配置，本不协调的人与机、人与环境相互协调，机器、环境适合于人或使人经过最佳的训练方法适应于机器和环境或人与机器、环境相互适应，从而达到系统的最优化。

概括地说，人体工程学是研究人及其与人相关的物体（机械、家具、工具等）、系统及其环境，使其符合人体的生理、心理及解剖学特性，从而改善工作和休闲环境，提高舒适性和效率的边缘学科。

3.1.1　人体生理结构与运动机理

要研究人体工程学在家具设计领域的应用，首先需要深入了解人体的生理结构以及不同姿态下的运动机理。人体是一个复杂且精妙的系统，骨骼、肌肉和关节等生理结构相互协作、共同支撑人体的各种活动，并在不同姿态下遵循特定的运动规律和力学原理。

从人体骨骼结构来看，它是身体的支架，为肌肉提供附着点，并在运动中起到传递力量和维持身体形态的作用。例如，人最自然的姿势是直立站姿，这时人的脊柱基本上是 S 形。在坐姿状态下，下肢得到了放松，但是骨盆向后方倾转，使得背下端的骶骨也倾转，而脊柱就承担起了支撑上肢的关键作用，脊柱由多个椎骨组成，具有一定的生理弯曲，包括颈椎前凸、胸椎后凸和腰椎前凸，坐姿下正常的 S 形就会向拱形变化，见图 3-1。这样使得脊柱的椎间盘压力增大，而研究表明，第三和第四椎间所受的压力最大，若将人体直立时所承受压力定为 100，则其他姿势下相对压力见图 3-2。所以，座椅设计极其重要，如果所坐座椅设计合理得当，能够顺应脊柱的这些自然曲线，给予相应的支撑，就能在一定程度上减轻脊柱所承受的压力，避免长时间坐姿导致的脊柱变形和疼痛等问题。

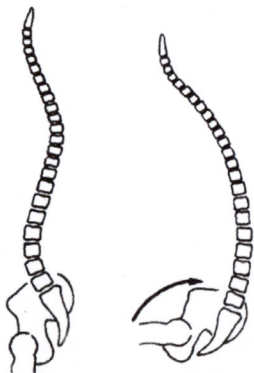

图 3-1
站姿和坐姿时的脊柱形状

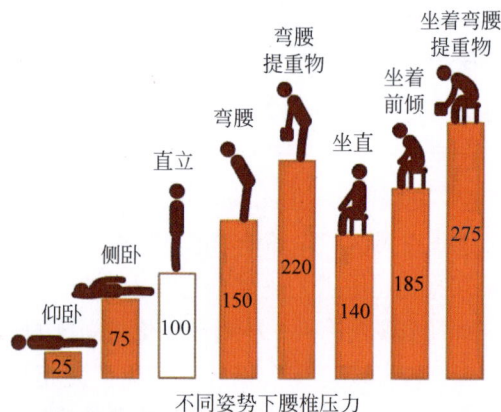

图 3-2
不同姿势下椎间盘相对压力

肌肉则是运动的动力来源，通过收缩和舒张来带动关节活动，进而实现身体的各种动作。以坐姿到站姿的转换为例，腿部的股四头肌、臀大肌等肌肉群会协同收缩，产生力量，使身体从座位上起身。而在不同的运动过程中，肌肉的发力方式和受力情况各不相同，这就要求在进行家具设计时要考虑如何避免肌肉过度紧张或疲劳。

关节作为连接骨骼的部位，其活动范围和运动限制对于家具设计至关重要。比如，肩关节是人体活动范围最大的关节之一，能够进行屈伸、外展、内收、旋转等多种动作。在设计家具时，如办公椅的扶手高度和角度设置，就需要考虑到肩关节的正常活动范围，确保使用者在做出操作电脑、拿取物品等动作时，手臂能够自然舒适地活动，不会因扶手的限制而感到别扭或造成肩部肌肉拉伤。

运用人体解剖学与生物力学知识，可以更深入地分析身体在不同姿态下的受力分布情况。在站姿时，人体的重心主要通过双脚支撑，压力均匀分布在脚底，而当站立在不平的地面或者使用不合理的站立式家具时，受力分布就会失衡，可能导致脚部不适甚至损伤。同样，在躺姿下，人体各部位与床垫接触，床垫的软硬度应根据人体的压力分布特点进行设计，使身体的重量能够合理分散，特别是对脊柱、臀部、肩部等重点部位提供合适的支撑，保障脊柱的正常生理曲度。图 3-3 所示是某气囊自适应床垫在人体侧卧时测试到的各部位压力指数，这是目前测试到的相对较低的压力分布。

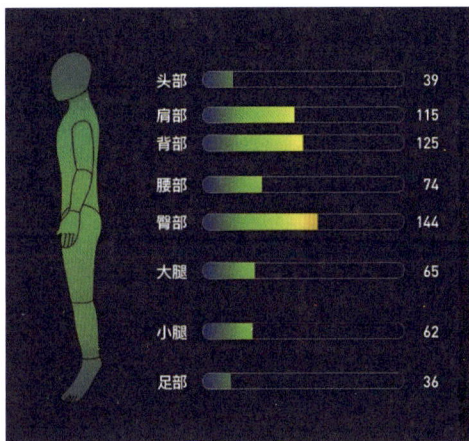

图 3-3
侧卧时人体部位压力指数

为了更直观地理解这些原理，可以通过仪器监视并借助动画演示来展示人体从一种姿态转换到另一种姿态时骨骼、肌肉和关节的协同运动过程，以及身体受力的动态变化情况。同时，结合实际测量数据，比如不同年龄段、性别、职业人群在常见姿态下的关节活动角度、肌肉受力大小等数据，通过具体的案例分析，如长期伏案工作人群因座椅不符合人体工程学导致腰部出现疾病的案例，为后续家具设计中的人体工程学分析打下坚实的基础。

3.1.2　人体感知系统与环境交互

人体的感知系统包括视觉、听觉、触觉等，它们各自具有独特的生理特点和功能机制，并且与家具的设计元素以及使用环境之间存在密切的交互关系，见图 3-4。

视觉是人们获取外界信息的主要途径之一，其生理结构决定了对光线、色彩、形状等视觉元素的感知能力。在家具设计中，色彩的选择会直接影响人们的视觉感受和心理状态。例如，暖色调如红色、橙色等通常会给人带来热情、活泼的感觉，适合用于营造温馨的家居氛围，但如果在办公环境中大面积使用过于鲜艳的色彩，可能会使人感到兴奋过度而难以集中精力。相反，冷色调如蓝色、绿色则给人宁静、舒适的感觉，常用于书房、卧室等需要安静氛围的空间。

家具的形状和纹理也会对视觉感知产生影响。简洁流畅的线条和规整的形状往往给人简洁、现代的感觉，而复杂的雕刻和独特的纹理则可能传达出古典、精致的韵味。同时，

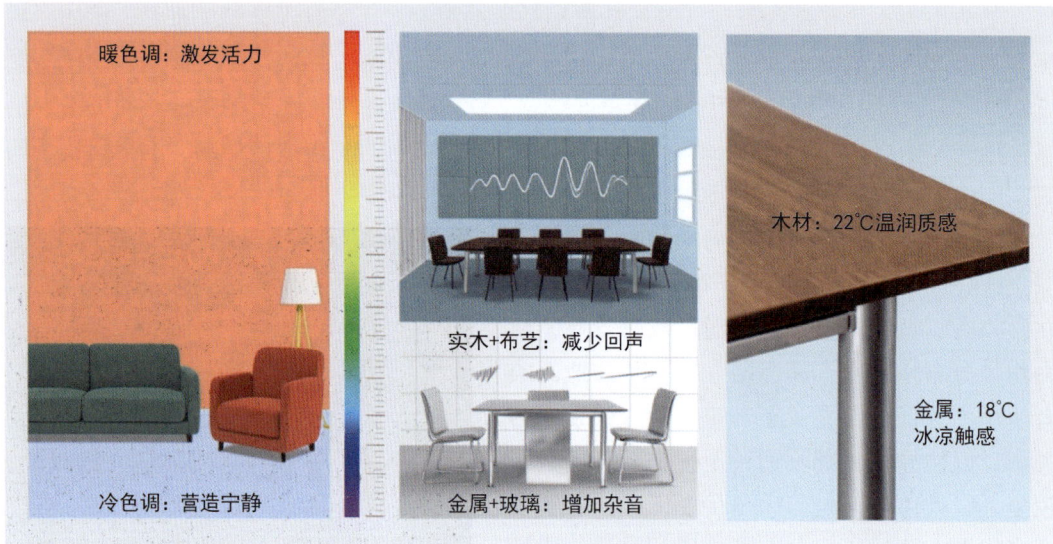

图 3-4
人体对环境的感知区分

家具表面的光泽度、反射率等特性会与环境光线相互作用，影响视觉的清晰度和舒适度。例如，在光线较暗的室内，过于光亮的家具表面可能会产生反光，干扰人们的视线，而哑光表面则相对更柔和，更利于视觉观察。

听觉方面，虽然家具本身并非主要的发声体，但在不同的使用环境中，其对声音的传播、反射和吸收特性却不容忽视。例如，在会议室等需要良好声学效果的空间，家具的材质和布局会影响声音的传播和反射情况。实木家具相对来说对声音有一定的吸收作用，能够减少回声，而金属家具则容易反射声音，可能导致声音嘈杂。因此，合理选择和布置家具可以优化空间的声学环境，提升人们的听觉体验。

触觉作为与家具直接接触的感知方式，对家具的材质和质感有敏感的反馈。不同的材料具有不同的触感，如木材温润、金属冰凉、织物柔软等。材料的温度也会影响触觉舒适度，在寒冷的环境中，温暖的材质会让人感觉更舒适，而在炎热的环境中，清凉的材质则更受欢迎。此外，家具表面的粗糙度、弹性等特性同样会影响触觉感受，比如座椅的坐垫，采用具有合适弹性和柔软度的材料，能够更好地贴合人体臀部曲线，减轻压力，提供舒适的坐感。

结合环境心理学与认知心理学理论，可以深入研究家具在不同使用环境中与人体感知系统的交互关系。例如，在卧室这种私密空间，人们更倾向于选择柔和的光线、安静的声学环境以及舒适的触觉感受，因此家具的设计应注重营造温馨、舒适的氛围，选择吸音性好的材料、柔和的色彩以及触感良好的面料等。而在商场等公共空间，家具的设计则需要考虑吸引顾客的注意力，见图 3-5，通过鲜明的色彩、独特的造型等设计方式来增强视觉冲击力，同时也要兼顾顾客在休息、浏览商品等过程中的触觉和听觉舒适度。

基于人与环境的这些交互关系，可以利用一些具体的设计方法与策略优化家具感知特

图 3-5
商场内外空间家具

性，实现符合需要的家具体验功能。比如，在色彩搭配上遵循色彩和谐原理，根据不同空间功能和用户需求选择合适的色彩组合；在材质选择上，综合考虑材料的触感、声学性能和视觉效果等多方面因素；在造型设计中，注重线条的流畅性和比例的协调性，以提升家具的整体视觉美感和使用舒适度。

3.2　人体测量学及其应用

3.2.1　人体测量学概述

　　人体测量学是一门通过精确测量人体各部位尺寸，来确定个人之间以及群体之间在人体尺寸上差异的学科。它为家具设计提供了关键的数据支持，帮助设计师创造出既符合人体结构又满足功能需求的家具产品。

　　人体测量学的历史源远流长。早在公元前 1 世纪，古罗马建筑师维特鲁威就从建筑学角度对人体尺寸进行了全面论述。他发现人体以肚脐为中心，站立时双手侧向平伸的长度等于身高，这一理论在文艺复兴时期被达·芬奇以人体比例图的形式生动展现，见图 3-6。

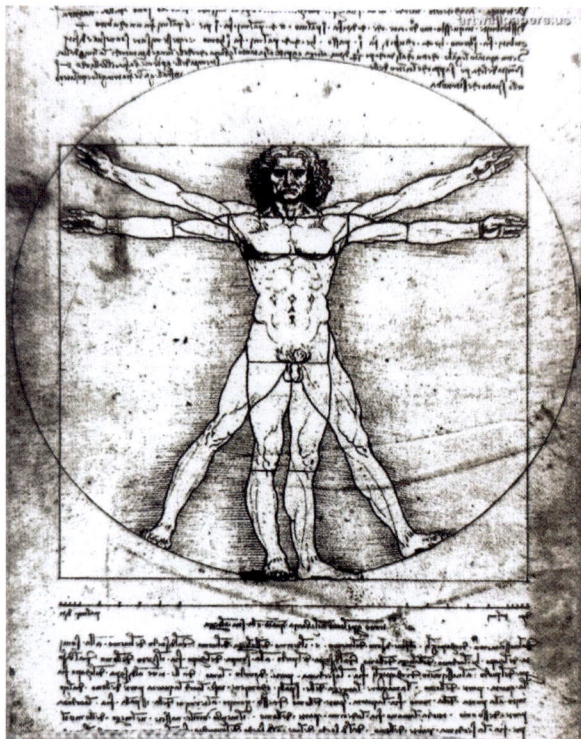

图 3-6
达·芬奇绘制的人体比例图

　　然而，在很长一段时间内，人体测量学的研究多聚焦于美学角度，探讨人体比例关系，而未充分考虑其对生活和工作环境的实际影响。直到第一次世界大战以后，航空和军事工业的发展迫切需要准确的人体测量数据来设计工业产品，人体测量学的研究才得以迅速推进，并逐渐拓展至民用领域。如今，人体测量学不仅在军事和工业产品设计中发挥了重要作用，还被广泛应用于建筑设计、室内设计以及家具设计等多个领域，为提高环境质量和产品舒适度提供了科学依据。

3.2.2　影响人体测量的因素

1. 种族

　　从人种学角度看，不同民族的人受遗传等因素影响，在体格上存在明显差异，导致人体尺寸不同。亚洲人与欧美人差异显著。这种差异在家具设计中尤为重要，因为不同种族的人对家具的高度、宽度和深度等尺寸有不同的需求。例如，为欧美人设计的椅子高度可能不适合亚洲人使用，反之亦然。

2. 地区

　　地理环境、生活习俗和生活水准不同，使同一民族在不同地区的人体尺寸也存在较大差异。以我国汉族人为例，东北人、广东人、山东人和四川人之间，人体尺寸的个体差异明显。东北地区由于气候寒冷，人们的生活方式和饮食习惯可能使他们拥有更为强壮的体格；而南方地区气候温暖，人们的生活方式相对细腻，体格可能较为纤细。在家具设计中，考虑到地区差异，可以为不同地区的人群设计出更贴合其身体特征的家具，提高家具的适用性和舒适度。

3. 性别

男性和女性在 14 周岁之前，活动方面差异不大，部分女性身高甚至可能超过男性。但进入青春期后，性别差异逐渐明显，人体尺寸在个体和群体上都存在较大差异。男性通常具有更宽的肩膀、更强壮的肌肉和更高的身高，而女性则具有较窄的肩膀、较宽的臀部和相对较低的身高。在家具设计中，需要充分考虑性别差异。例如，男性可能需要更高、更宽的办公桌和更结实的椅子，而女性可能更注重家具的舒适度和细节设计，如更柔软的座椅垫和更方便的储物空间。

4. 年龄

不同年龄阶段的人体尺寸差异显著。从婴儿到幼儿、学童、少年、青年、中年再到老年，人体尺寸一直处于变化之中，见图 3-7。婴儿和幼儿的身体比例与成人截然不同，他们的头部相对较大，四肢较短。随着年龄的增长，身体比例逐渐发生变化，直至成年后趋于稳定。然而，老年人的身体又会出现一些变化，如身高降低、肌肉萎缩等。在家具设计中，针对不同年龄段的人群，需要设计出符合其身体特征和活动能力的家具。例如，婴儿床的设计需要考虑婴儿的安全性和舒适性，老年人的座椅在设计时则需要考虑支撑性和易于起身。

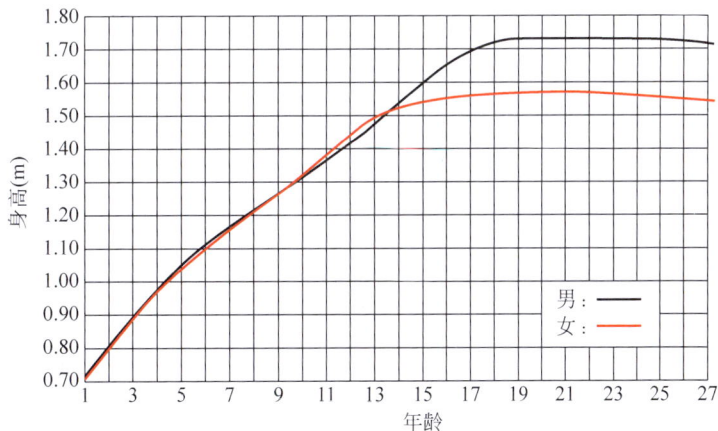

图 3-7
不同年龄段人体平均身高

5. 职业

不同职业的人群，由于工作性质和活动方式不同，人体尺寸也存在群体差异。脑力劳动者和体力劳动者、运动员和教育工作者之间，人体尺寸的差异明显。例如，运动员通常具有更强壮的肌肉和更高的身高，而脑力劳动者可能相对较为瘦弱。在家具设计中，针对不同职业的人群，需要设计出满足其工作需求的家具。例如，为办公室工作人员设计的椅子需要考虑久坐时的舒适性和支撑性，为运动员设计的家具则需要考虑其强壮的身体和特殊的运动需求。

6. 环境

不同时期的经济条件、文化生活水平和生活习惯等因素，均会影响人体尺寸的变化。目前，全人类都处于增高期，这与营养改善、医疗条件提高和生活环境优化等因素密切相关。在家具设计中，需要关注环境变化对人体尺寸的影响，及时更新设计数据，以确保家具产品能够满足不断变化的人体需求。同时，随着人们生活水平的提高，对家具的舒适度和功能性要求也越来越高，设计师需要在家具设计中融入更多的人性化元素，如可调节高度的椅子、多功能的储物柜等。

3.2.3　人体测量的内容

1. 人体构造尺寸

人体构造尺寸是指人体的静态尺寸，主要指头、躯干、四肢等在标准状态下测得的尺寸。在家具设计中，应用最多的人体构造尺寸包括身高、肩宽、坐高、臀部至膝盖长度、臀部宽度、膝盖高度、大腿厚度、坐时两肘之间的宽度等。这些尺寸为家具的基本设计提供了关键数据，帮助设计师确定家具的高度、宽度和深度等基本参数。例如，坐高决定了椅子的高度，臀部宽度和臀部至膝盖长度则影响椅子的座面尺寸。

2. 人体功能尺寸

人体功能尺寸是指人体在活动时所测得的尺寸。由于行为目的不同，人体活动状态也不同，因此测得的各功能尺寸也不同。虽然精确测量人体功能尺寸较为困难，但根据人在室内活动的范围和基本规律，可以测得其主要功能尺寸。在家具设计中，人体功能尺寸对于设计家具的活动空间和使用功能至关重要。例如，人体在使用餐桌时的活动范围、在书桌前的书写姿势等，都需要考虑人体功能尺寸，以确保家具的使用舒适性和功能性。

3. 人体重量

测量人体重量的目的是科学地设计人体支撑物和工作面的结构。在家具设计中，体重主要涉及地面、椅面、床垫等的结构强度。由于人体体重的差异对这些支撑物设计影响较小，因此可以粗略地计算，一般分为幼儿体重和成年人体重，以此来确定人体支撑物的计算荷载。例如，设计椅子时，需要考虑椅子的承重能力，以确保其能够安全地支撑不同体重的人。

4. 人体推拉力

测量人体推拉力的目的是合理地确定家具的开启力和操作力。例如，橱门的开启力和橱柜的抽屉拉力等，都需要根据人体推拉力的数据进行设计，以确保家具使用的方便性和安全性。如果推拉力过大，可能会导致使用困难；而推拉力过小，则可能影响家具的稳定性和安全性。

3.2.4　人体测量的方法

1. 丈量法

丈量法是使用人体测量仪来测量人体构造尺寸的主要方法。常用的测量工具包括测高仪、直尺、卡尺、磅秤和拉力器等。例如，用测高仪丈量身高、坐高、肩高等；用直尺和卡尺丈量人体的细部构造尺寸；用磅秤测量体重；用拉力器测量人体推拉力。丈量法的优点是测量结果较为准确，适用于测量人体的静态尺寸。然而，对于人体功能尺寸的测量，丈量法可能存在一定的局限性，因为人体功能尺寸随着姿势和活动状态的变化而变化。

2. 摄像法

由于人体功能尺寸随着姿势的变化而变化，一般丈量法难以测得较准确的结果。因此，摄像法成为测量人体功能尺寸的常用方法。通过使用照相机或摄像机等设备进行投影测量，可以捕捉人体在不同活动状态下的尺寸变化。摄像法的优点是可以记录人体在动态过程中的尺寸数据，为家具设计提供更全面的参考。例如，在设计办公椅时，通过摄像法可以观察人体在不同坐姿下的背部曲线变化，从而设计出更符合人体工程学的椅背形状。

3. 问卷法

人体功能尺寸是变化的尺寸，如何使其尺寸符合人的需要，减少体力消耗，从而达到相对的"舒适"，需要测得人体感到"舒适"时的功能尺寸。由于"舒适"是被试的主观评价，随人而异，因此采用问卷法收集相关数据。通过问卷调查，可以收集被试对家具使用过程中的舒适度评价，了解他们在使用家具时的感受和需求。例如，在设计沙发时，通过问卷法可以了解用户对沙发软硬度、高度和深度的偏好，从而设计出更符合用户需求的沙发产品。

4. 自控和遥感测试法

为了测得人体在椅面、椅背或床垫上的压力分布，从而科学地确定椅面或椅背形状、床垫中弹簧的弹力等，需要依靠自动控制系统，将压力输入系统，由电脑测得其结果。此外，为了测得运动尺寸对人的影响，可以利用多功能生理测试仪，采用遥控方式测量人体运动时的肌电大小、心律变化，确定这些运动尺寸的合理数值。自控和遥感测试法的优点是可以提供更精确的生理数据，帮助设计师优化家具的设计，提高家具的舒适度和功能性。

3.2.5　百分位的概念与应用

1. 百分位的定义

由于人的个体和群体差异，人体尺寸存在很大的变化。在设计中，几乎不用"平均数"（平均值），而是对某一尺寸在一定范围内进行数值分段，如将被试的身高或肩宽等在尺寸上分为一百等份，这就是百分位，又叫百分点。设计上要满足所有人的要求是不太可能的，也没有必要，但必须满足大多数人的要求。根据设计的对象，选用其中的尺寸数据为设计的参考依据，见图 3-8～图 3-10 和表 3-1～表 3-4。

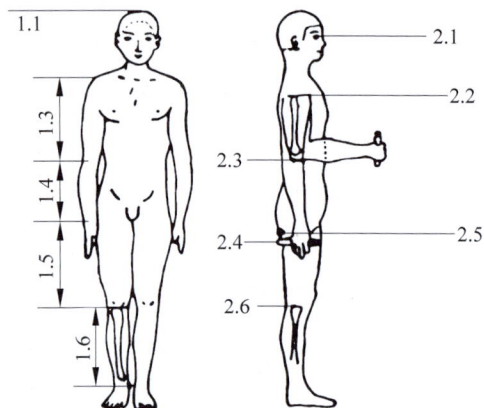

图 3-8
人体立姿主要尺寸示意图

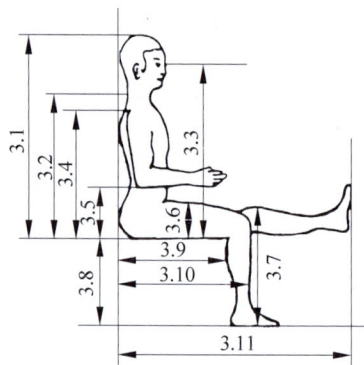

图 3-9
人体坐姿主要尺寸示意图

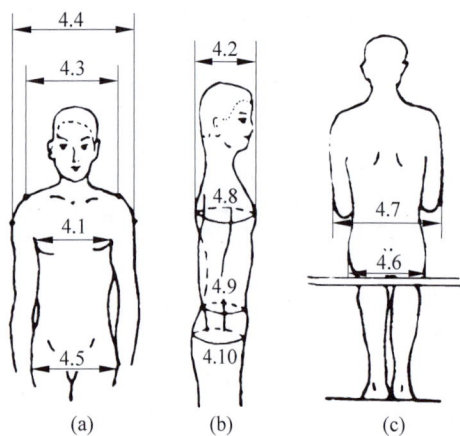

图 3-10
人体水平尺寸示意图

(a)   (b)   (c)

表 3-1　人体主要尺寸

百分位数	男（18～60 岁）							女（18～55 岁）						
	1	5	10	50	90	95	99	1	5	10	50	90	95	99
1.1 身高（mm）	1543	1583	1604	1678	1754	1775	1814	1449	1484	1503	1570	1640	1659	1697
1.2 体重（kg）	44	48	50	59	71	75	83	39	42	44	52	63	66	74
1.3 上臂长（mm）	279	289	294	313	333	338	349	252	262	267	284	303	308	319
1.4 前臂长（mm）	206	216	220	237	253	258	268	185	193	198	213	229	234	242
1.5 大腿长（mm）	413	428	436	465	496	505	523	387	402	410	438	467	476	494
1.6 小腿长（mm）	324	338	344	369	396	403	419	300	313	319	344	370	376	390

表 3-2　人体立姿尺寸　　　　　　　　　　　　　　单位：mm

百分位数	男（18～60 岁）							女（18～55 岁）						
	1	5	10	50	90	95	99	1	5	10	50	90	95	99
2.1 眼高	1436	1474	1495	1568	1643	1664	1705	1337	1371	1388	1454	1522	1541	1579
2.2 肩高	1244	1281	1299	1367	1437	1455	1494	1166	1195	1211	1271	1333	1350	1385
2.3 肘高	925	954	968	1024	1079	1096	1128	873	899	913	960	1009	1023	1050
2.4 手功能高	656	680	693	741	787	801	828	630	650	662	704	746	757	778
2.5 会阴高	701	728	741	790	840	856	887	648	673	686	732	779	792	819
2.6 胫骨点高	394	409	417	444	472	481	498	363	377	384	410	437	444	459

表 3-3　人体坐姿尺寸　　　　　　　　　　　　　　单位：mm

百分位数	男（18～60 岁）							女（18～55 岁）						
	1	5	10	50	90	95	99	1	5	10	50	90	95	99
3.1 坐高	836	858	870	908	947	958	979	789	890	819	855	891	901	920
3.2 坐姿颈椎点高	599	615	624	657	691	701	719	563	579	587	617	648	657	675
3.3 坐姿眼高	729	749	761	798	836	847	868	678	695	704	739	773	783	803
3.4 坐姿肩高	539	557	566	598	631	641	659	504	518	526	556	585	594	609
3.5 坐姿肘高	214	228	235	263	291	298	312	201	215	223	251	277	284	299
3.6 坐姿大腿厚	103	112	116	130	146	151	160	107	113	117	130	146	151	160
3.7 坐姿膝高	441	456	464	493	525	532	549	410	424	431	458	485	493	507
3.8 小腿加足高	372	383	389	413	439	448	463	331	342	350	382	399	405	417
3.9 坐深	407	421	429	457	486	494	510	388	401	408	433	461	469	485
3.10 臀膝距	499	515	524	554	585	595	613	481	495	502	529	561	560	587
3.11 坐姿下肢长	892	921	937	992	1046	1063	1096	826	851	865	912	960	975	1005

表 3-4　人体水平尺寸　　　　　　　　　　　　　　单位：mm

百分位数	男（18～60 岁）							女（18～55 岁）						
	1	5	10	50	90	95	99	1	5	10	50	90	95	99
4.1 胸宽	242	253	259	280	307	315	331	219	233	239	260	289	299	319
4.2 胸厚	176	186	191	212	237	245	261	159	170	176	199	230	239	260
4.3 肩宽	330	344	351	375	397	403	415	304	320	328	351	371	377	387
4.4 最大肩宽	383	398	405	431	460	469	486	347	363	371	397	428	438	458
4.5 臀宽	273	282	288	306	327	334	346	275	290	296	317	340	346	360
4.6 坐姿臀宽	284	295	300	321	347	355	369	295	310	318	344	374	382	400
4.7 坐姿两肘间宽	353	371	381	422	473	489	518	326	348	360	404	460	478	509
4.8 胸围	762	791	806	867	944	970	1018	717	745	760	825	919	949	1005
4.9 腰围	620	650	665	735	859	895	960	622	659	680	772	904	950	1025
4.10 臀围	780	805	820	875	948	970	1009	795	824	840	900	975	1000	1044

2. 百分位的应用原则

（1）够得着的距离：一般选用第 5 百分位的尺寸。这是因为，如果设计的高度能够满足第 5 百分位的人群，那么 95% 的人群在使用时都能够得着。这个原则适用于设计坐着或站着的功能高度，例如椅面高度。对于第 5 百分位以下的人群，可能需要将腿向前伸一点，而仅有 5% 的人脚可能够不着地。这种设计方法可以确保大多数人使用时拥有良好的舒适度，同时兼顾较矮个体的需求。

（2）容得下的距离：一般选用第 95 百分位的尺寸。这是因为，如果设计的通行间距能够满足 95% 的人群，那么只有 5% 的人群在通行时可能会有困难，而大多数人都能够顺利通过。这个原则适用于设计座椅的宽度、通行间距等，如走道的宽度。这样设计可以确保大多数人能够坐下和通行便利，同时考虑到较大体型个体的需求。

（3）常用高度：一般选用第 50 百分位的尺寸。例如，座椅、桌子、柜子抽屉、门把手等的高度，厨房、卫生间台面高度等，这样设计既照顾矮个子的使用要求，也考虑高个子的需要。

（4）可调节尺寸：若确定百分位大小有一定困难，条件许可时，可增加一个调节尺寸。例如，采用升降椅子或可调节高度的搁板，用这些调节尺寸的措施来满足大多数人的使用要求。

3. 平均数与标准差

在实际工作中，常常会提到平均数的概念，但用第 50 百分位的人体尺寸代表"平均人"的尺寸是错误的。第 50 百分位只说明某一项人体尺寸仅适合 50% 人的要求，而某一项尺寸的第 50 百分位的数值和该项尺寸的平均数值相等。

平均数与标准差有时需要计算，有时则有现成的数值。

例如：华中地区，男（18～60 岁），身高平均数（M）为 1669mm，标准差（SD）为 56.3mm

$$95\% \text{ 的满足度} = M \pm 1.95 \times SD$$
$$= 1669 \pm 1.95 \times 56.3$$
$$= 1669 \pm 109.785 \qquad \text{即 } 1559 \sim 1779\text{mm}$$
$$90\% \text{ 的满足度} = M \pm 1.95 \times SD$$
$$= 1669 \pm 1.65 \times 56.3$$
$$= 1669 \pm 92.895 \qquad \text{即 } 1576 \sim 1762\text{mm}$$

3.2.6　人体尺寸的相关定律

人体的各种尺寸虽然差别很大，但存在一定的变化范围和相关联系。例如，腿长的人往往上肢较长；相反，腿短的人一般上肢也短。成年人的身高与其站立时两臂伸直后两手指间的距离相等。我国通过对青年男子的人体测量，发现他们的平均身高约为 170.09cm，头的高度约为 22.92cm，这两项之比是 7.42∶1。女子的身高与头高的比例基本与男子相同。

将头的高度当作有关基本尺寸单位，则身高为 7.4 个头高，肩宽是 2 个头高，上肢是 3 个头高，下肢是 4 个头高。这些人体尺寸的相互关系在人类学上称为人体尺寸的相关定律。然而，由于年龄、种族、地区等差异，上述人体尺寸相关定律是不尽相同的。例如，两岁孩童的身高约为 4 个头高，6 岁时是 5 个头高，10 岁时是 6 个头高，16 岁时是 7 个头高，25 岁时是 7.5 个头高。而欧美的青年男子的身高约为 8 个头高。

这些人体尺寸的相关定律对研究人体造型艺术具有重要的参考价值，但在家具设计中只能作为估计室内活动空间大小的参数。当设计要求较高时，还需要进行更精确的计算和测量。例如，在设计儿童家具时，不能简单地按照成人的比例定律进行设计，而应根据儿童的具体身体特征和活动需求进行详细的人体测量和数据分析，以确保家具的安全性和舒适性。

3.3　人体尺寸数据在家具尺寸设计中的运用

3.3.1　人体静态尺寸数据

人体在静止状态下具有一系列相对稳定的关键尺寸数据，这些数据是家具尺寸设计的重要依据。了解不同年龄、性别、种族人群的人体尺寸差异及其统计规律，对于设计出符合各类人群使用需求的家具至关重要。常用人体基本尺寸见图 3-11。

身高是一个基本且重要的人体尺寸数据，它直接影响诸如衣柜的高度、床铺的长度等家具尺寸的确定。不同地区、种族的人群身高存在明显差异，例如，北欧地区人群的平均身高相对较高，而亚洲部分地区人群的平均身高稍低。在设计通用型家具时，就需要考虑这种差异，确保衣柜的挂衣杆高度能够满足较高身高人群挂放长款衣物的需求，同时也要满足较矮身高人群取用物品的便利性。

坐高同样是关键数据之一，它决定了座椅的座面高度以及桌子的合适高度范围。一般来说，成年人的坐高为 800～950mm，但性别和年龄阶段不同时这一数据有所不同，男性的坐高通常略高于女性，儿童的坐高则随着年龄增长而逐渐增加。依据坐高数据，设计座椅时，座面高度应保证使用者坐在上面时双脚能够平稳着地，大腿与地面大致平行，这样可以避免腿部血液流通不畅和腰部过度受力。对于书桌而言，桌面高度要使得手臂自然下垂时，肘部能够舒适地放置在桌面上，便于书写、操作电脑等活动。

肩宽和臀宽数据对于确定座椅、沙发等坐具的宽度以及衣柜等家具的内部空间尺寸有重要意义。过窄的座椅宽度会让人感觉局促，影响舒适度，而太宽则可能导致坐姿不端正，增加腰部负担。通常，单人座椅的宽度应不小于人体肩宽加上适当的活动余量，一般为 450～550mm。在设计衣柜内部挂衣区的宽度时，要考虑到人体肩部的宽度以及衣物悬挂后需要的空间，确保衣物能够顺利挂取且不会相互挤压。

手臂长度和腿部长度数据在家具设计中也发挥了一定作用。例如，在设计办公桌时，桌面的长度和宽度要考虑到手臂能够方便地操作办公设备、放置文件等物品，同时还要预留出一定的活动空间，避免手臂伸展时碰撞到周边物体。而床的长度则需要根据人体腿部长度以及翻身等活动所需的空间来确定，一般要比人体身高多 150～200mm，以保证睡眠时伸展舒适。人体与床及垫被常用尺寸见图 3-12。

依据这些人体静态尺度数据确定家具关键尺寸时，有科学的方法和设计规范。比如，在设计座椅高度时，除了参考坐高的平均值，还需要考虑鞋子的高度以及不同使用场景下的特殊需求，如在办公椅设计中，可能会有一定的可调节范围，以适应不同身高办公人员

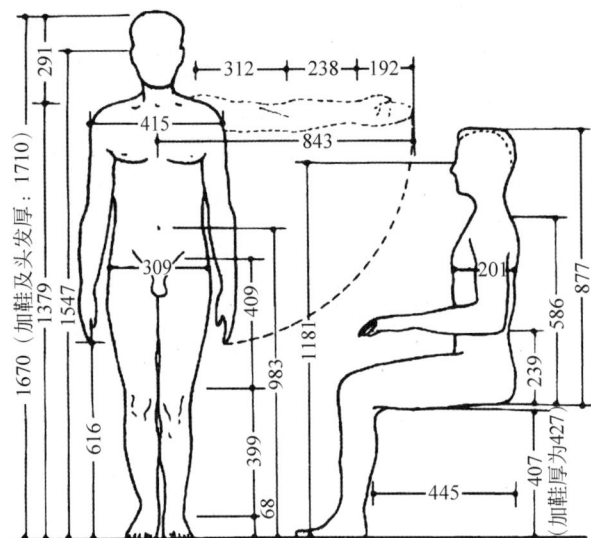

成年男子

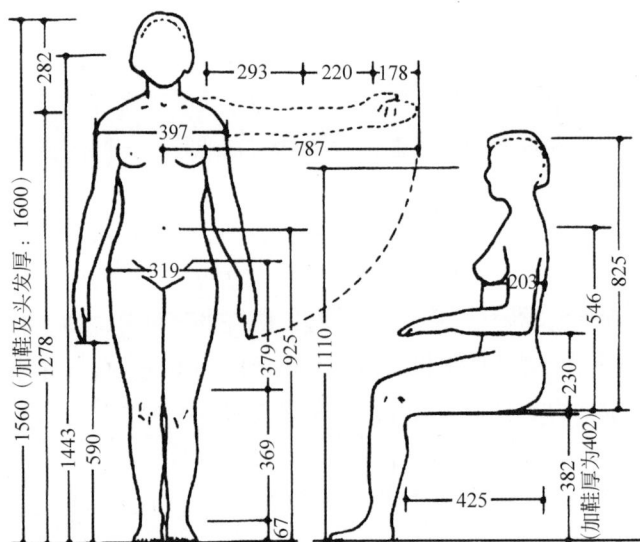

成年女子

图 3-11
成年男子 / 女子人体基本尺寸
（单位：mm）

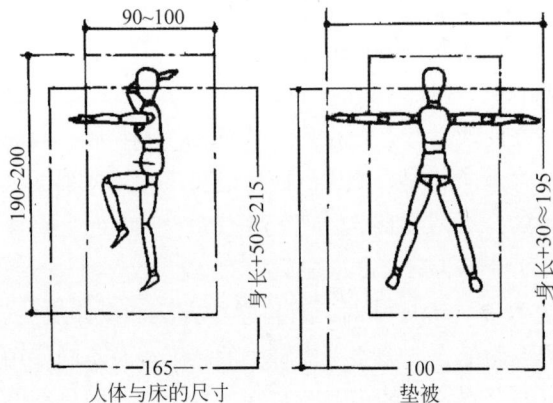

人体与床的尺寸　　　垫被

图 3-12
人体与床及垫被常用尺寸
（单位：cm）

的需求。在确定衣柜深度时，要结合人体肩部厚度、衣物厚度以及视觉和操作的便利性等因素，一般设计为 550～650mm。

3.3.2　人体动态尺寸数据

人体在活动过程中，其尺寸会发生动态变化，这些动态尺寸数据对于家具设计同样具有不可忽视的重要性，尤其是在考虑家具布局、功能分区以及预留活动空间等方面。

人体的动态动作多种多样，每个动作都伴随身体空间需求和运动轨迹的改变。例如，当人体站立起身时，身体重心会发生变化，需要向前上方移动，此时前方和上方需要预留足够的空间，避免碰撞到桌子、柜子等家具。坐下起身的动作与此类似，不仅要考虑座椅本身的高度和尺寸是否便于起身，还要确保周围有足够的空间让使用者能够顺利完成动作，不会因空间狭窄而感到吃力或摔倒。

在弯腰伸手这一动作中，手臂的伸展范围以及身体前倾的幅度会根据不同的任务有所变化。比如，在厨房橱柜设计中，要考虑使用者弯腰打开抽屉、伸手取放餐具等动作时的活动范围，合理确定抽屉的高度、深度以及橱柜的布局，使使用者能够轻松拿取各个位置的物品，同时避免因过度弯腰或伸展手臂而造成身体不适。同时，还要注意年龄的差别，图 3-13 所示是老年妇女站立和弯腰能及的高度。

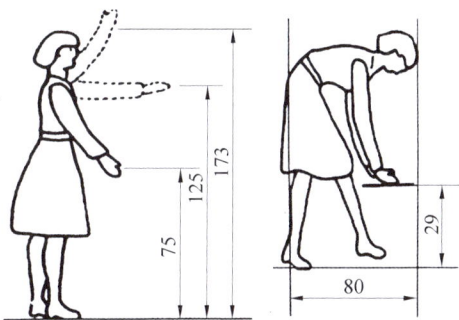

图 3-13
老年妇女站立和弯腰能及高度
（单位：cm）

行走转身是日常生活中频繁出现的动作，在家具布局较为密集的空间，如卧室、客厅等，就需要考虑人体行走时的通道宽度以及转身所需的空间。一般来说，单人行走通道宽度不应小于 600mm，以便能够正常通行，而在需要转身的地方，如衣柜前、卧室门口等位置，应预留出直径不小于 1200mm 的圆形空间，确保人体能够自如地转身。

为了更准确地把握人体动态尺寸数据及其变化规律，可以借助动态模拟实验和动作捕捉技术。动态模拟实验通过设置模拟场景，让实验对象在其中进行各种日常动作，使用传感器等设备记录实验对象身体各部位的位置变化，从而分析出动作过程中的空间需求和运动轨迹。动作捕捉技术则能够更加精确地获取人体在三维空间中的运动数据，为家具设计提供更详细、更准确的参考依据。

在家具设计中，合理预留足够的活动空间是基于人体动态尺寸数据的重要应用。例如，在设计客厅家具布局时，要考虑人们在沙发、茶几之间走动、坐下、起身以及拿取茶几上的物品等动作的空间需求，避免家具摆放过于紧凑。图 3-14 所示是客厅常用家具及人体活动空间尺寸参考。

对于办公家具而言，不仅要保证办公椅能够自由移动和旋转，还要考虑使用者在使用办公设备、拿取文件等操作过程中的手臂活动范围以及身体的伸展空间，确保办公环境的

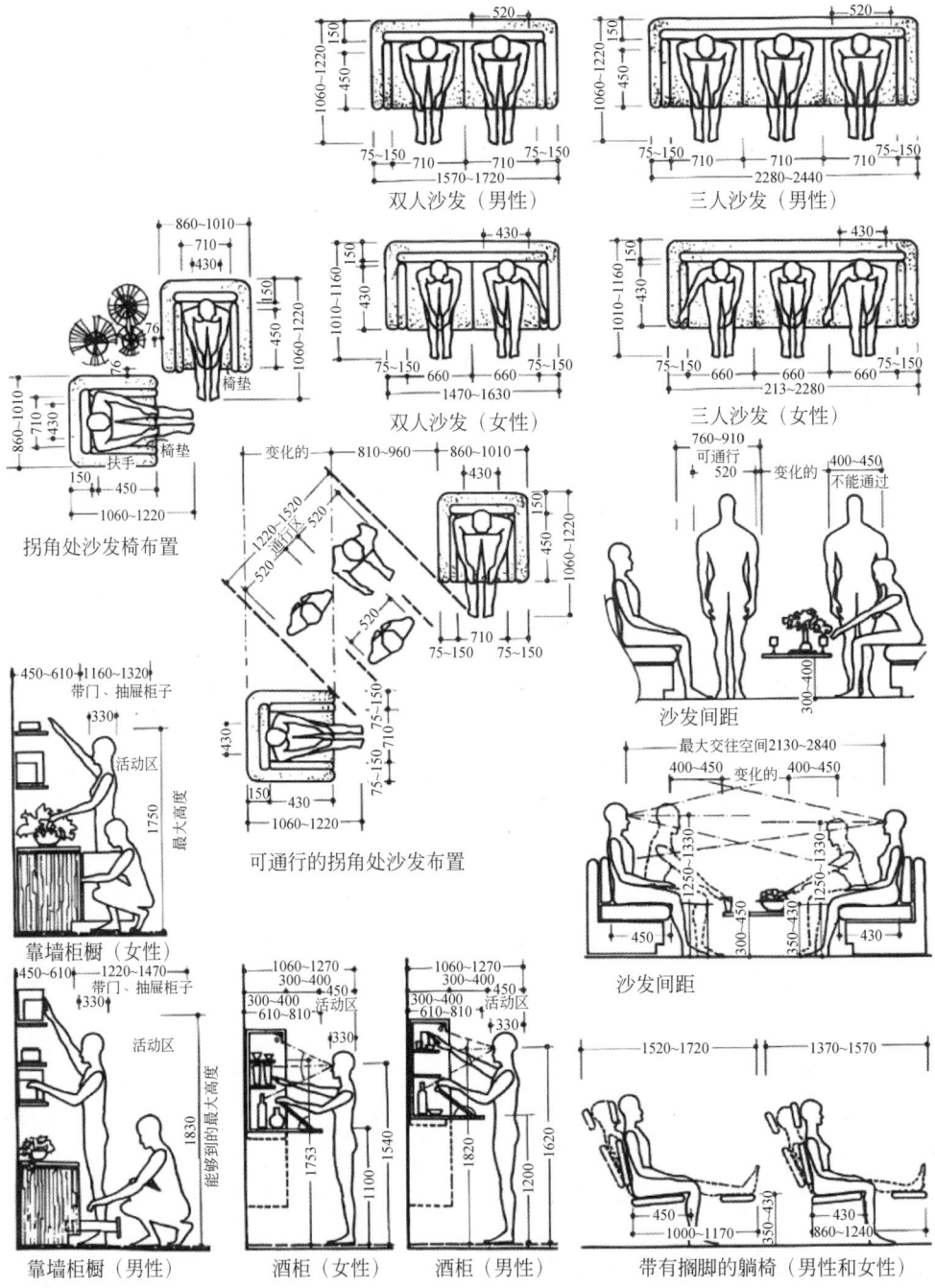

图 3-14
客厅常用家具及人体活动空间尺寸参考
（单位：mm）

高效和舒适。

　　同时，人体动态尺寸数据对家具的功能分区也有重要的指导意义。比如，在厨房橱柜的设计中，根据烹饪流程和人体动作特点，合理划分炉灶、水槽、切菜等功能区域，使各个操作环节之间的转换流畅自然，减少不必要的动作和移动距离，提高厨房操作的效率和便利性。图 3-15 所示是厨房常用家具及人体活动空间尺寸参考。

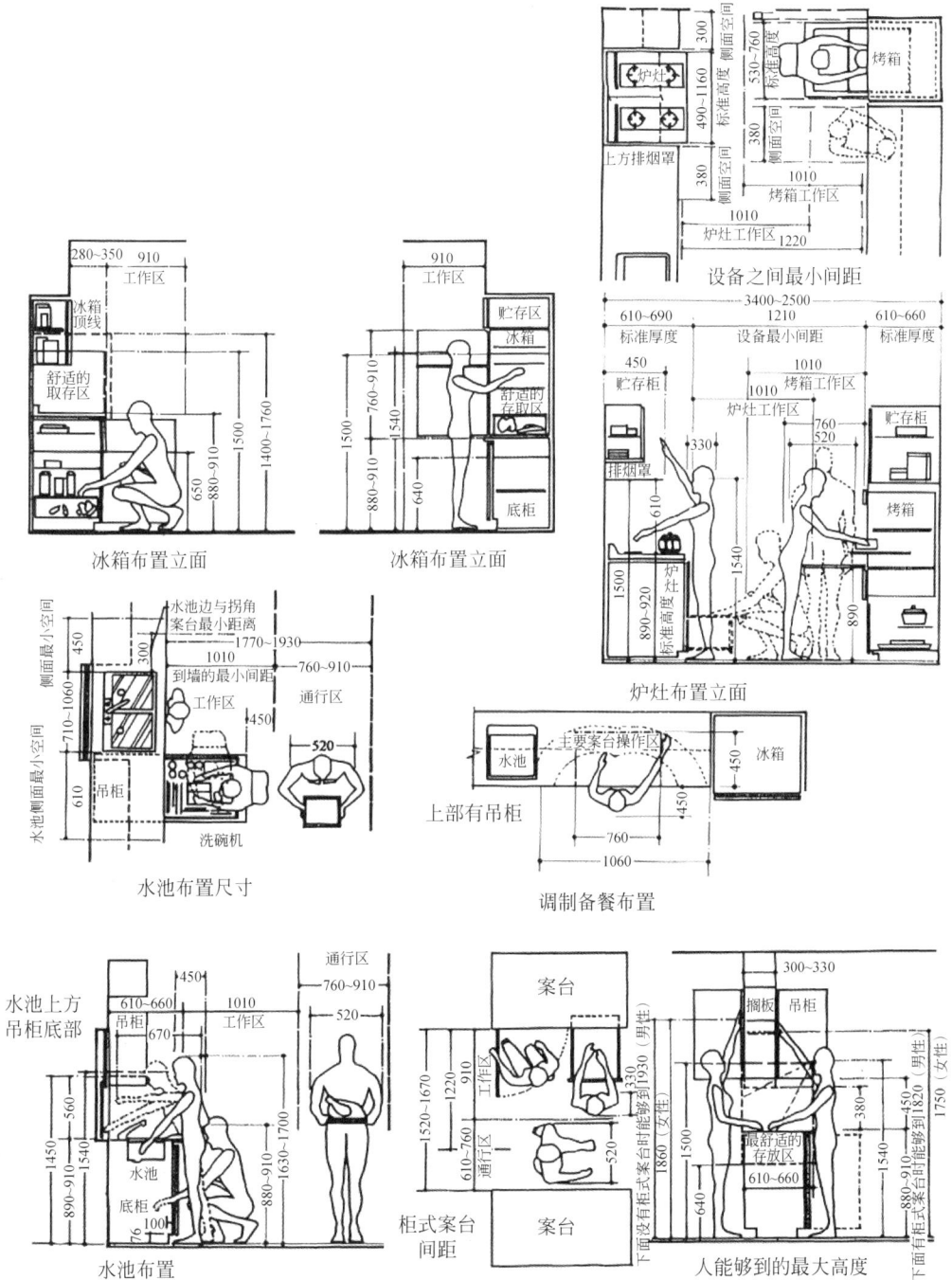

图 3-15
厨房常用家具及人体活动空间尺寸参考
（单位：mm）

3.4　人体活动范围对家具形态布局的影响

实际生活中人们的生活行为是多姿多态的，为了设计时便于参考，现将人们生活中的基本姿势归纳为立位 6 种、椅坐位 6 种、平坐位 9 种、卧位 3 种，合计 24 种。因为人生活中所取的姿势多是连续的姿势，为了研究和说明时更方便和清晰，预先对这些姿势进行分类。

例如，立位，以头的高度为标准，分为 6 种："伸腰""普通站立""稍向前弯腰""向前深弯腰""浅下蹲""深下蹲"。椅坐位：根据椅子有无靠背和座面高度的不同分为"凭靠""坐在凳子（60cm）上""坐在凳子（20cm）上""坐在工作椅子上""坐在简便休息椅上""坐在休息椅上"，共 6 种。平坐位：分"下蹲""单膝下跪""双膝下跪""双膝跪坐""趴下""正坐""盘腿坐""屈膝坐""伸腿坐"，共 9 种。卧位：根据身体的面向分"俯卧""侧卧"和"仰卧" 3 种。

作业空间主要分为平面作业空间、垂直作业空间和立体作业空间。下面以坐姿、站姿和卧姿为例，通过示例进行分析。

3.4.1　坐姿活动范围与办公家具设计

在办公场景中，人们大部分时间处于坐姿状态。人体在坐姿下的手部、手臂、头部、身体躯干等部位的活动范围与动作特点，对办公家具的形态、尺寸以及布局设计有直接且关键的影响。图 3-16 所示是坐姿抓握方作业域。

办公桌作为办公的核心家具，其桌面面积、形状和高度的设计需要充分考虑人体坐姿活动范围。在图 3-17 所示的水平作业区域，从桌面面积来看，要能够满足放置计算机机箱、显示器、键盘、鼠标、文件以及其他办公用品的需求，同时还要预留出一定的空间供使用者手臂自然伸展进行书写、操作鼠标等操作。一般来说，单人办公桌的桌面长度为1200～1800mm，宽度为 600～800mm。形状方面，常见的长方形桌面能够更好地利用空

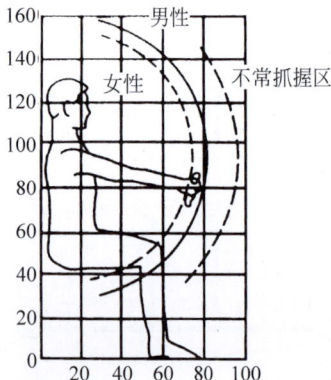

图 3-16
坐姿抓握方作业域
（单位：cm）

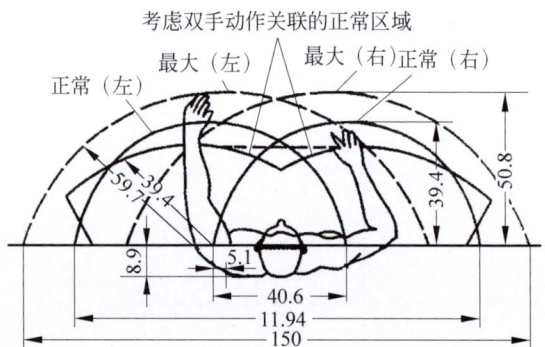

图 3-17
水平作业面的正常尺寸和最大尺寸
（单位：cm）

间，并且符合人体手臂左右活动的习惯，但在一些特殊的办公环境中，如创意工作室等，也会采用异形桌面来满足个性化的功能需求或营造独特的空间氛围。

办公桌的高度则直接影响使用者的手臂舒适度和操作便利性。合适的桌面高度应保证使用者坐在办公椅上时，手臂自然下垂，肘部能够与桌面保持水平，这样在操作键盘和鼠标时，手臂和手腕能够处于自然舒适的状态，避免长时间使用导致手腕疲劳和损伤。通常，办公桌的高度在 700～760mm，不过随着可调节办公桌的兴起，使用者可以根据自己的身高和坐姿习惯进行适当调整，以达到最佳的使用效果。

办公椅作为与人体坐姿密切相关的家具，其座面深度、靠背高度与角度、扶手高度与宽度等参数的设计要点都围绕保障人体坐姿舒适和手臂活动自如展开。座面深度一般在 400～450mm，过深会导致使用者的腿部无法得到有效支撑，影响血液循环，而过浅则会让人感觉坐不稳。靠背的高度应能够支撑到人体的腰部和背部上部，通常在 450～550mm，角度可调节范围一般为 95°～110°，这样可以根据不同的工作需求和个人喜好，为脊柱提供合适的支撑，减轻腰部压力。图 3-18 所示为舒适的坐姿关节参考角度，图 3-19 所示为良好的背部支持位置与角度。扶手的高度要与桌面高度相适配，使得手臂自然放置在扶手上时，肩部能够保持放松，宽度则要保证手臂能够舒适地放置，一般在 150～250mm。

文件柜作为办公环境中用于存储文件和资料的家具，其存储分区、抽屉尺寸与高度的设计需要方便人体取放文件物品。在设计存储分区时，要考虑不同类型文件的尺寸，如 A4 文件、文件夹等，一般挂放区的高度要能够容纳标准文件夹的长度，抽屉的高度则要根据常用文件的叠放高度来确定，抽屉的深度也要适

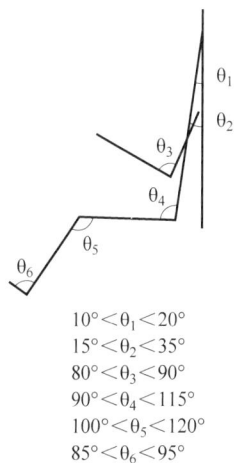

$10° < \theta_1 < 20°$
$15° < \theta_2 < 35°$
$80° < \theta_3 < 90°$
$90° < \theta_4 < 115°$
$100° < \theta_5 < 120°$
$85° < \theta_6 < 95°$

图 3-18
舒适的坐姿关节参考角度

支持点		上体角度	上部		下部	
			支持点高（cm）	支持面角度	支持点高（cm）	支持面角度
一个点支持	A	90°	25	90°	—	—
	B	100°	31	98°	—	—
	C	105°	31	104°	—	—
	D	110°	31	105°	—	—
两个点支持	E	100°	40	95°	19	100°
	F	100°	40	98°	25	94°
	G	100°	31	105°	19	94°
	H	100°	40	110°	25	104°
	I	100°	40	104°	19	105°
	J	100°	50	94°	25	129°

图 3-19
良好的背部支持位置与角度

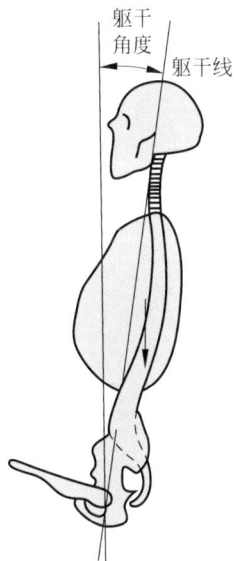

躯干角度
躯干线

中，保证使用者能够轻松地拉出和推入，并且能够看到抽屉内部的物品。

餐厅中餐桌、餐椅、餐边柜、酒柜等与办公家具类似思路，常用尺寸见图 3-20。

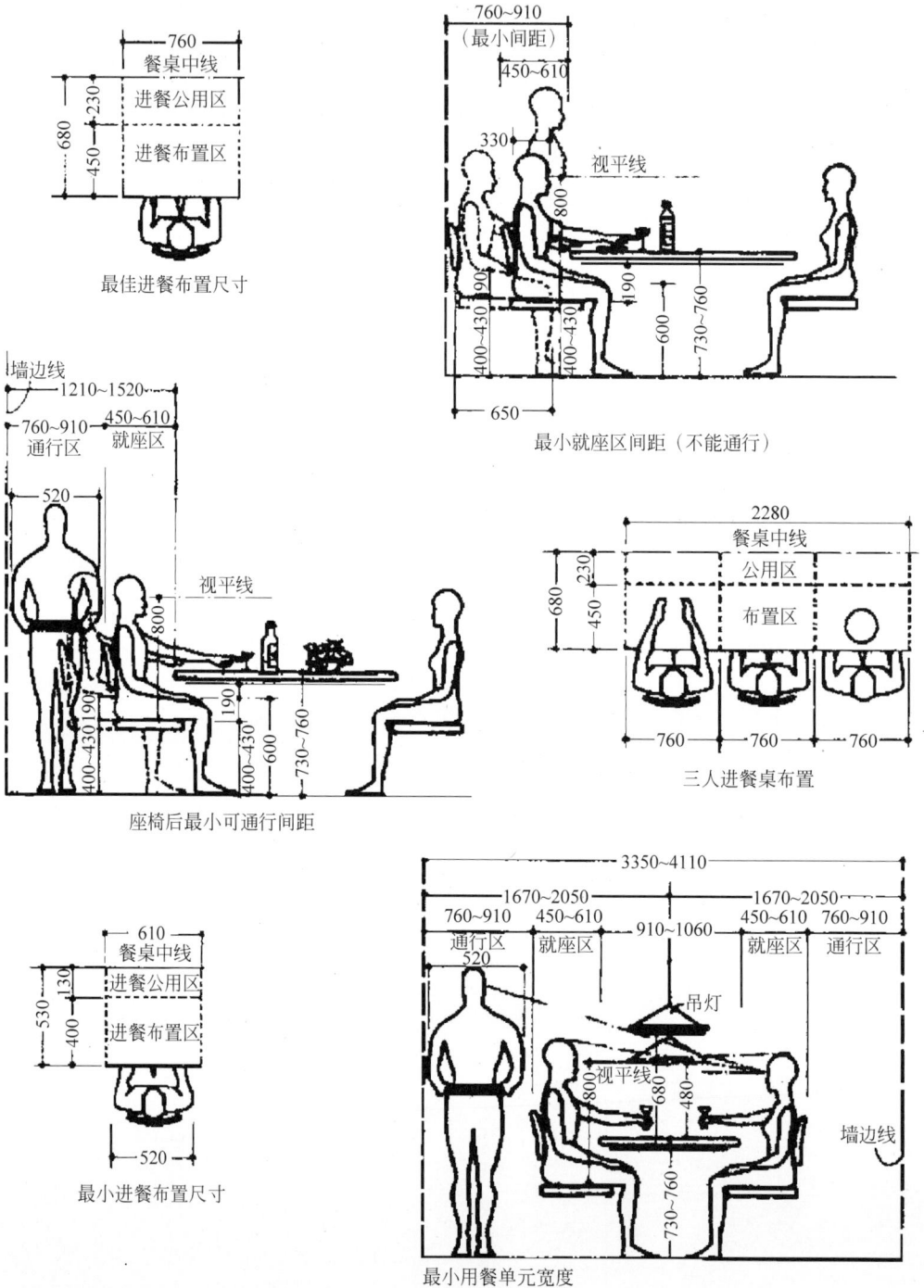

最佳进餐布置尺寸

最小就座区间距（不能通行）

座椅后最小可通行间距

三人进餐桌布置

最小进餐布置尺寸

最小用餐单元宽度

图 3-20
餐厅家具常用尺寸及人体活动范围参考
（单位：mm）

3.4.2　站姿活动范围与公共家具设计

在公共空间中，人们常常处于站姿状态，人体在站姿下的活动特点与空间需求对公交站台座椅、商场展示架、图书馆书架、博物馆陈列柜等公共家具的设计有重要影响。图 3-21 和图 3-22 所示分别为人体站姿单臂、双臂作业的近身空间。

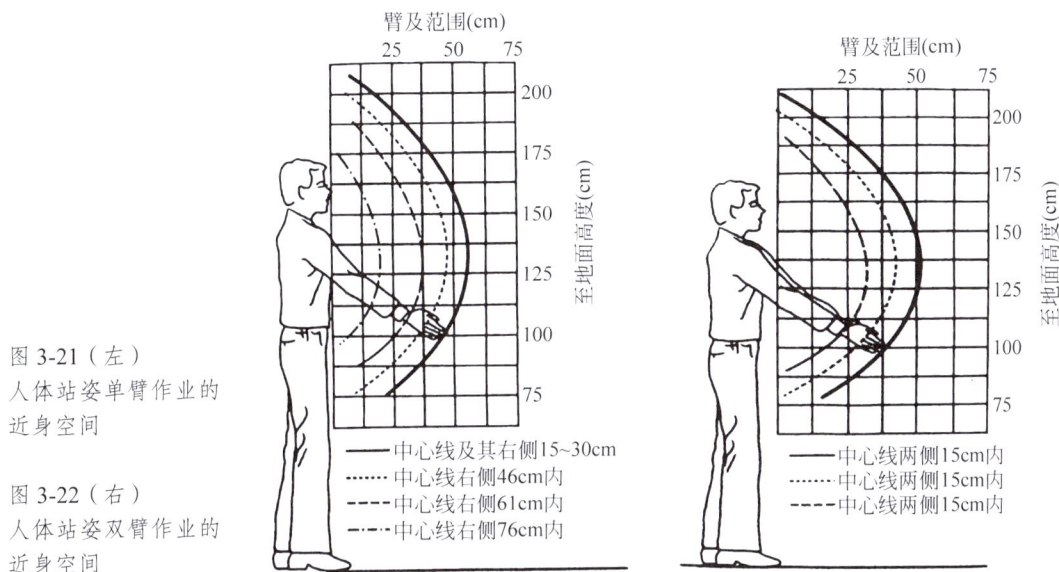

图 3-21（左）
人体站姿单臂作业的
近身空间

图 3-22（右）
人体站姿双臂作业的
近身空间

公交站台座椅的设计需要考虑不同身高人群的短暂休息需求以及不能妨碍行人通行的原则。座椅的间距应保证不同体型的人能够舒适地坐下，一般相邻座椅之间的间距在 500～600mm 时较为合适，避免过密或过疏。座椅的高度则要根据人体站立时腿部的自然弯曲程度来确定，一般在 400～450mm，使得人们坐下时双脚能够平稳着地，膝盖与臀部大致处于同一水平高度，减轻腿部的压力。同时，座椅的布局要合理规划，不能影响行人在站台上的正常行走和排队候车，通常会沿着站台边缘或者在不影响通道的区域设置，并且要预留出足够的空间供乘客放置行李、站立等待等。

商场展示架的陈列高度与角度要契合人体视觉范围与操作便利性，以此来提高商品展示效果。对于成年人来说，人的最佳视觉中心一般在距离地面 1.4～1.6m 的高度范围，所以重要商品或者需要重点展示的信息通常放置在这个高度区间内，能够更容易吸引顾客的注意力。展示架的角度也很关键，例如倾斜式的展示架可以使顾客更方便地观看商品细节，其倾斜角度一般在 10°～30°，既能保证商品稳定放置，又便于顾客浏览和拿取。而且展示架的各层间距要根据商品的大小、种类进行合理设计，既要避免空间浪费，也要确保顾客伸手取放商品时不会感到吃力，一般上下层间距在 300～500mm，具体根据实际商品情况进行调整。

图书馆书架的层距与通道宽度应方便读者浏览与取放书籍，保障人流顺畅。书架的层距要考虑不同开本书籍的高度，常见的层距在 300～400mm，这样能够容纳大多数的书籍，同时也便于读者快速找到并抽取书籍。通道宽度方面，为了方便读者在书架间自由穿梭以及多人同时浏览，主通道宽度通常不少于 1.2m，次通道宽度也应保持在 0.8～1m，确保读者在寻找书籍过程中不会互相拥挤、碰撞，营造舒适、便捷的阅读环境。

博物馆陈列柜的设计同样要依据人体站姿活动范围。陈列柜的高度要使得观众能够清晰地看到展品内容，对于重点展品，其展示高度一般控制在观众平视或者稍微仰视的角度范围内，通常在1.2~1.8m，让观众可以舒适地欣赏展品细节。陈列柜的深度也要适中，既要保证展品有足够的展示空间，又要方便观众贴近观察时不会因距离过远而看不清楚，通常在500~800mm。此外，陈列柜之间以及与周围墙壁之间要预留合理空间，方便观众在展厅内自由走动，避免出现人流拥堵的情况，保障观众能够有序地参观整个展览。

3.4.3 卧姿活动范围与卧室家具设计

人体在卧姿状态下，身体姿势会有多种变化规律，并且有相应的活动空间需求，这些因素深刻影响床、床头柜、卧室衣柜等卧室家具的设计。

床作为卧室的核心家具，其尺寸的确定至关重要。床的长度需要保证人体能够舒适地伸展和翻身，一般来说，床的长度要比使用者的身高多150~200mm，这样无论是正常平躺还是睡眠过程中的翻身动作，都不会让人有局促感。床的宽度则要根据使用人数以及个人的睡眠习惯来定，单人床宽度通常在90~100cm，双人床宽度一般在150~180cm，较宽的床可以为睡眠者提供更充足的空间，减少相互干扰。床的常用规格见表3-5。

表3-5 床的常用规格　　　　　　　　　　　　　　　　单位：mm

床　长	床　宽		床　高	
			放置床垫	不放置床垫
2000 1920 1850	单人床	720 800 900 1000 1100 1200	240~280	400~440
	双人床	1350 1500 1800 2000		

床垫的支撑性能对人体脊柱健康有关键影响，应符合人体脊柱的生理曲线要求。不同的床垫材质和结构会提供不同的支撑效果。例如，弹簧床垫通过弹簧的弹性来支撑人体重量，优质的弹簧床垫能够根据人体不同部位的压力做出相应的弹性反应，对脊柱起到良好的支撑作用；乳胶床垫则以贴合人体曲线、柔软舒适且具有一定弹性的特点，受到很多消费者的喜爱。床垫的软硬度要适中，过硬的床垫可能会导致身体局部压力过大，影响血液循环，而过软的床垫则无法为脊柱提供足够的支撑，容易造成脊柱变形。

床头柜的位置与高度要便于睡前放置与取用物品。一般床头柜的高度与床的高度相适配，通常在50~60cm，这样当人们躺在床上时，手臂自然下垂就可以轻松够到床头柜的台面，方便放置手机、眼镜、书籍等常用物品。床头柜通常放置在床的两侧，与床保持一定的间距，既能方便使用，又不会影响上下床的便利性，间距一般在10~20cm。

卧室衣柜的开门方式、内部布局与挂放、叠放区域划分也应适应人体站立或弯腰操作范围。对于平开门衣柜来说，柜门的宽度要适中，避免过宽导致开启时占用过多空间或者过重而不易操作，一般单扇柜门宽度在 400～600mm 较为合适。衣柜内部的挂放区高度要根据衣物的长度来设计，长衣挂放区高度一般在 1.4～1.6m，短衣挂放区高度在0.8～1.2m，方便不同类型衣物的悬挂。叠放区的高度则可以根据常用叠放衣物的厚度来确定，一般在 30～60cm，并且叠放区的深度不宜过深，应方便取用衣物。抽屉的设计也要考虑人体操作的便利性，抽屉的高度和深度要适中，避免过高或过深导致物品不易寻找和取出。卧室家具常用尺寸及人体活动范围见图 3-23。

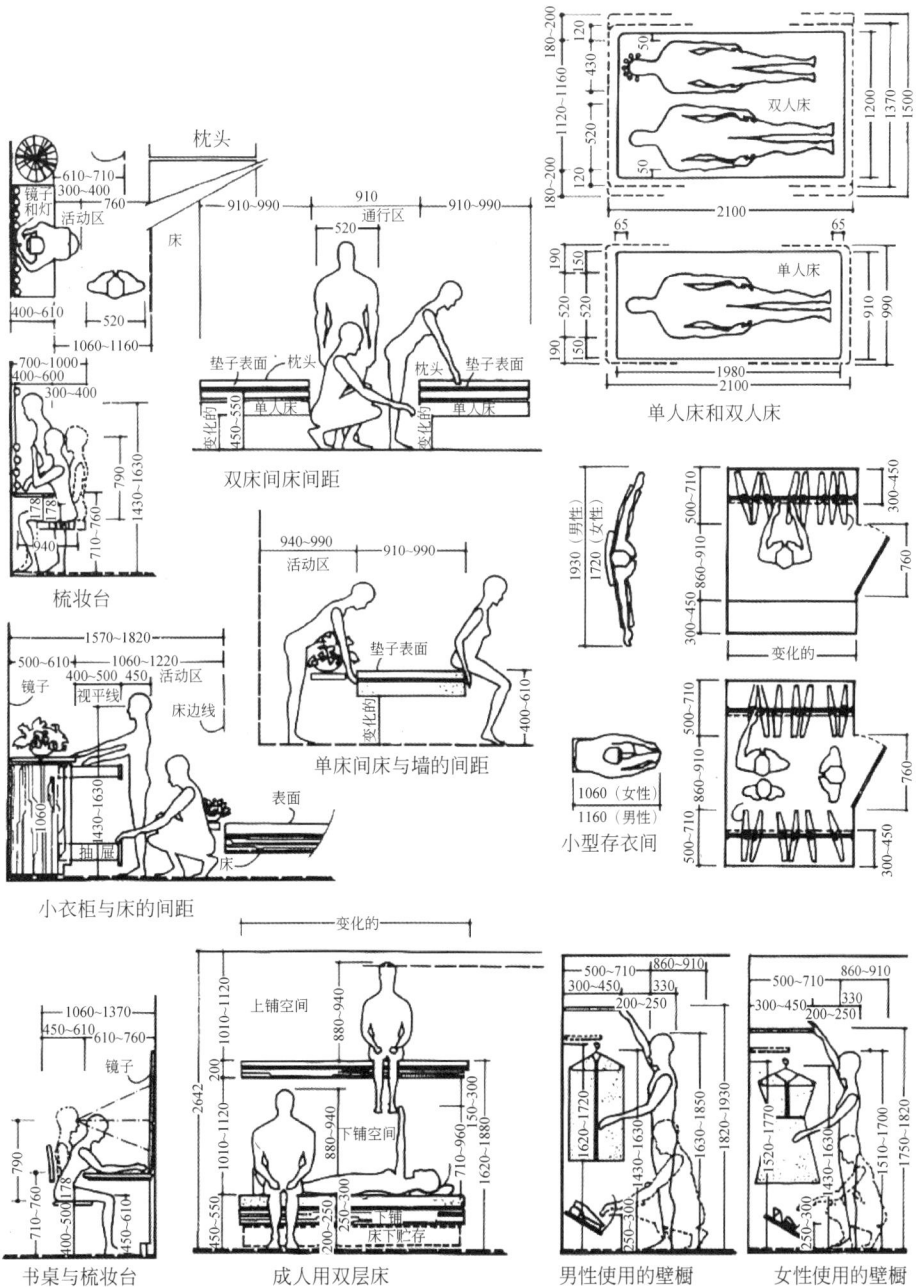

图 3-23
卧室家具常
用尺寸及人
体活动范围
（单位：mm）

3.5   基于生理心理需求的家具功能适配

3.5.1   生理需求与家具功能设计

从人体生理舒适需求出发，家具功能设计需要聚焦多个关键方面，以保障使用者的健康和舒适。

脊柱健康是家具设计中极为重要的考量因素。以座椅为例，为了维持脊柱的正常生理曲度，座椅应具备合理的腰部支撑结构。这种腰部支撑可以通过多种方式实现，比如在椅背处设置可调节的腰托，腰托的高度、深度和弹性能够根据不同使用者的体型和坐姿习惯进行调整，使其精准地贴合人体腰椎部位，分担脊柱所承受的压力。同时，可调节靠背倾斜角度的设计也不可或缺，人们在不同的工作或休闲场景下，可能需要不同的靠背角度来获得舒适感。例如，在阅读时，人们可能希望靠背稍微倾斜，而在使用电脑时，角度会有所不同，合适的靠背角度范围一般在 95°～110°，能够让使用者根据自身需求灵活调整，使脊柱始终处于相对舒适且健康的状态。

血液循环同样受家具设计的影响。长时间以固定姿势坐在不合适的座椅上，容易导致腿部血液循环不畅，引起下肢麻木、肿胀等不适症状。因此，座椅的坐垫设计至关重要，应采用符合人体压力分布的弹性材料，比如一些高密度海绵结合人体工程学设计的坐垫，能够根据人体臀部和大腿的压力分布情况，合理地分散压力，避免局部压力过大，从而保障血液循环顺畅。同时，座椅的高度调节功能也有助于改善血液循环，使用者可以根据自己的身高和腿部长度，将座椅调整到合适的高度，使双脚平稳着地，避免腿部悬空或过度弯曲，影响血液回流。

对于床来说，床垫的支撑性能与人体的血液循环以及脊柱健康都密切相关。如前文所述，床垫需提供适宜的支撑硬度，与人体曲线紧密贴合，使得人体在睡眠过程中，身体各部位的重量能够均匀分布在床垫上，不会对某一部位造成过度压迫，进而保障血液循环正常，也有助于维持脊柱的自然形态。枕头的高度与材质也不容忽视，合适的枕头高度应能够保证颈部在睡眠时处于自然舒适的位置，避免颈部过度前屈或后仰。一般来说，仰卧时枕头高度在 8～12cm，侧卧时高度在 10～15cm 较为合适。材质方面，像记忆棉、乳胶等具有良好弹性和透气性的材料制成的枕头，能够更好地适应人体头部和颈部的形状，提供舒适的支撑，减轻颈部压力。

3.5.2   心理需求与家具情感化设计

在满足生理需求的基础上，家具的情感化设计对于满足用户在使用过程中的心理需求起到关键作用，这些心理需求涵盖了安全感、归属感、审美愉悦感以及个性化表达等多个方面。

安全感是人们对家具最基本的心理需求之一。家具的结构设计和边角处理方式会直接影响使用者的安全感。例如，采用圆润的边角设计可以避免因边角尖锐可能造成的意外伤害，尤其对于儿童或者老年人来说，这种设计能够让他们在使用家具时更加放心。稳定的结构也是传递安全感的重要因素，像餐桌、书桌等家具，其四条腿的支撑结构要稳固，能够承受一定的重量和外力，不会轻易晃动或倾倒，使用者在放置物品、进行操作时才会觉得踏实可靠。

归属感则更多地与家具所蕴含的文化内涵和情感元素相关。在家庭环境中，融入家庭文化符号或个人记忆元素的家具能够增强使用者的归属感。比如，一张传承了几代人的老式木桌，上面有家族成员多年来留下的使用痕迹，如刻痕、磨损等，这些独特的印记承载着家族的记忆和情感，让人一看到就产生浓厚的归属感。在家具设计中融入一些具有地域特色的传统图案、工艺等元素，也能唤起使用者对家乡文化的认同感和归属感，使家具不仅仅是功能性的物品，更是情感的寄托。

审美愉悦感是通过家具的和谐色彩搭配、独特造型与质感引发的。色彩在营造审美氛围方面起着重要作用，合理的色彩组合能够让人产生愉悦的视觉感受。例如，北欧风格家具常用的白色、木色搭配，营造出简洁、温馨的家居氛围；而中式古典家具中朱红色、深褐色等传统色彩的运用，则展现出庄重、典雅的韵味。独特的造型设计能够吸引人们的目光，激发审美兴趣，像一些模仿自然形态或者具有创意几何造型的家具，往往能成为空间中的视觉焦点。质感同样不可忽视，不同材质的质感如木材的温润、皮革的细腻、金属的冷峻等相互搭配，可以创造出丰富的触觉和视觉体验，提升家具的整体美感，给使用者带来审美愉悦感。

个性化表达在当今社会越来越受到人们的重视，借助定制化设计可以很好地满足这一需求。消费者希望家具能够体现自己的个性、品位和独特的生活方式，定制化家具设计应运而生。例如，消费者可以根据自己的喜好选择家具的材质、颜色、造型以及装饰元素等，甚至可以参与到设计过程中，将自己的创意和想法融入其中。对于一些具有特殊爱好的群体，如摄影爱好者可以定制带有照片展示功能的家具，艺术爱好者可以定制具有艺术创作区域的家具等，通过这种个性化定制，家具与使用者之间可以建立起更加紧密的情感联系，满足他们的个性化心理需求。

3.6　AIGC 在家具设计人体工程学中的应用

3.6.1　人体数据采集与分析

随着科技的不断发展，AIGC 技术在人体工程学数据采集与分析方面展现出强大的创新应用能力，为家具设计提供了更加科学可靠的数据支持，使得设计师能够更加精准地把握不同人群的人体工程学需求，设计出更贴合用户实际使用需求的家具产品。

利用图像识别与传感器技术，AIGC 能够实现对人体姿态、动作、压力分布等数据的自动采集与实时监测。图 3-24 所示是麒盛科技股份有限公司研发的智能床，能够实时监控用户的睡眠数据，包括心率、呼吸频率、体动次数等关键指标，系统会根据监测数据生成详细的睡眠报告，包括睡眠时长、深浅睡眠比例、呼吸频率等，基于用户的睡眠数据和偏好，可以自动调节床垫的硬度、温度和湿度等参数，以提供最适合用户的个性化睡眠环境，并借助云计算、大数据、互联网、物联网等技术，同步建设"云上养"智慧养医护系统，躺上 5 分钟便能生成一份实时体验报告，见图 3-25。尤其对于老年人，通过每天对老人睡眠体征数据的实时监测及采集，对出现病症的老人及时进行预警提醒，以提高医护效率和老年生活质量，推动"养医护"智慧养老新模式。

不仅如此，AIGC 还可以通过大数据分析挖掘不同人群在不同场景下的人体工程学需求与偏好。它能够整合多源数据，比如收集来自不同地区、年龄、性别、职业人群在办公、家居、休闲等各种场景下的人体数据，然后运用数据挖掘算法与机器学习模型进行精准分析。例如，TOP SLEEP 智能床（图 3-26）在设计研发中，基于 Z 时代的多元床上生活，如床上瑜伽、追剧娱乐、内容分享、美颜美容等，研发"不止于睡觉"，而是"生活在床"的一种生活方式，依据对 Z 时代人群的人体数据挖掘与分析结果，设计出 10 级软硬定制，左右软硬定制、3 大娱乐、6 大生活、4 大入眠可选模式。在客户选购时，使用 SLEEP SCAN 系统扫描客户身体指标，依据 BMI、脊椎曲线、体型、肩颧距、颈部支撑高度等 27 项人体指标（图 3-27），科学匹配 10 级软硬舒适度，实现智能 AI 身型定制。

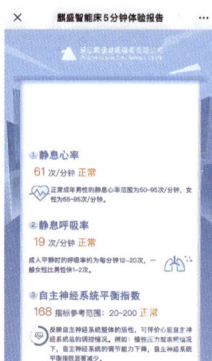

图 3-24（左）
麒盛智能床

图 3-25（右）
智能床体验报告

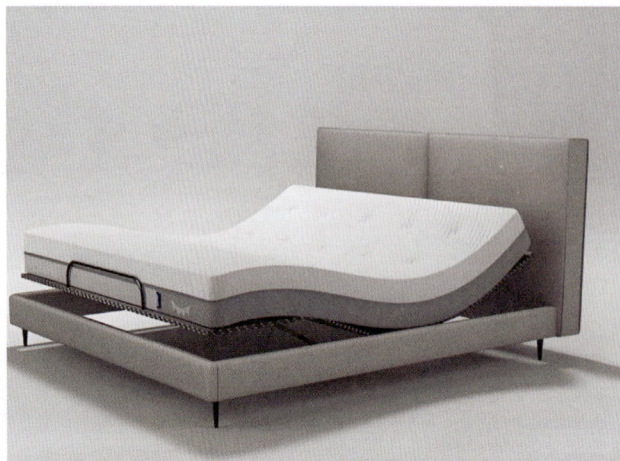

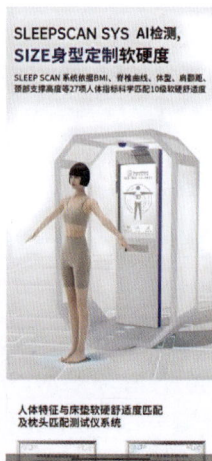

图 3-26（左）
TOP SLEEP 智能床

图 3-27（右）
AI 检测人体数据

3.6.2　虚拟人体模型与设计模拟

　　AIGC 技术在构建高精度虚拟人体模型以及在虚拟环境中进行家具设计人体工程学模拟测试方面也有重要的应用价值。

　　通过收集大量的人体解剖学数据以及人体运动学数据，AIGC 可以构建出非常逼真的虚拟人体模型，这些模型不仅具备与真实人体相似的骨骼、肌肉、关节结构，还能够模拟出人体在不同姿态下的运动情况以及受力状态。例如，在设计一款新型沙发时，设计师可以将构建好的虚拟人体模型放置在虚拟的沙发环境中，模拟人体坐在沙发上的各种动作，如坐下、起身、调整坐姿、变换卧姿等，同时观察虚拟人体模型在这些动作过程中的受力分布情况，比如身体各部位与沙发接触时的压力大小、脊柱的弯曲变化等。

　　在虚拟环境中进行家具设计人体工程学模拟测试的流程相对较为规范。首先，设计师将设计好的家具模型导入虚拟环境中，然后设置相应的测试场景和参数，如模拟不同体重、身高的虚拟人体模型进行家具使用测试，记录下模型在使用家具过程中的舒适度指标（如压力是否均匀、脊柱是否处于舒适状态等）、操作便利性指标（如手臂伸展是否自如、起身是否方便等）以及空间利用情况等数据。其次，根据这些测试数据对家具设计方案进行评估和优化，比如发现沙发的座面深度在虚拟测试中导致部分虚拟人体模型腿部支撑不足，就可以及时调整座面深度的设计参数，重新进行模拟测试，直到设计方案达到较为理想的人体工程学效果。

　　通过这种虚拟人体模型与设计模拟的方式，设计师可以快速评估设计方案的合理性与可行性，避免了传统设计过程中需要制作实物样品进行反复测试的烦琐环节，大大节省了时间和成本。

3.6.3　个性化定制与人体工程学优化

　　AIGC 技术在助力家具个性化定制设计方面发挥了独特的作用，尤其是依据用户个体人体工程学数据与特殊需求生成定制化家具设计方案，满足不同人群的个性化使用需求。

　　对于一些特殊人群，如残疾人士、老年人、儿童等，他们的身体机能和使用习惯与普通成年人存在较大差异，AI 可以根据这些特殊人群的个体人体工程学数据进行有针对性的设计。以残疾人士为例，对于下肢残疾需要依靠轮椅行动的人群，在设计书桌时，AI 可以根据他们的轮椅高度、手臂活动范围以及操作习惯等数据，设计出合适的桌面高度、形状以及抽屉的位置和开启方式，确保他们能够方便地使用书桌进行学习、工作等活动。对于老年人，考虑到他们身体灵活性下降、视力减弱等特点，AI 可以辅助设计出带有更舒适的扶手、易于抓握的把手以及具有良好照明功能的家具，比如在床头柜上设置亮度可调节且方便操作的台灯，在衣柜的抽屉上安装易于拉动的大把手等。

　　对于不能言语的婴儿，图 3-28 所示的 TCSC 潼芯盒子胎婴舱，通过 AI 技术及 AIGC 的设计应用，实现了 24 小时实时监控宝宝的睡眠和健康状况，还有健康异常提醒功能。它能够根据宝宝的月龄发育需求自动匹配每日的睡眠计划和目标，并对宝宝的每日睡眠进

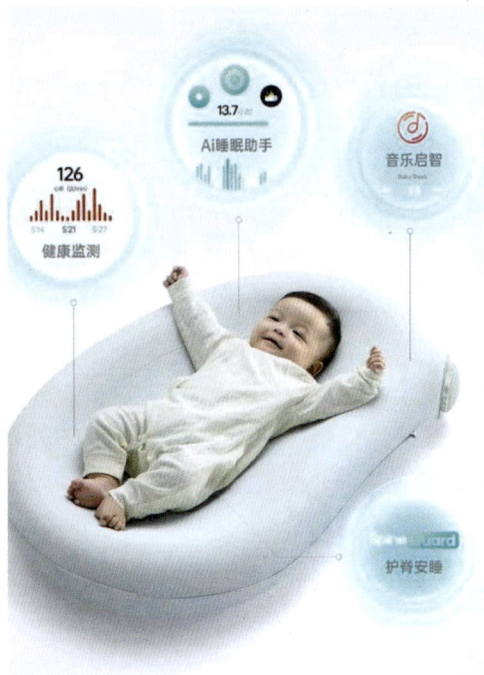

图 3-28
TCSC 潼芯盒子胎婴舱

行睡眠分析报告，成为新手妈妈管理宝宝睡眠的 AI 小助手。它还有智能音乐陪伴系统，能够配合小程序可以播放不同的音乐，比如哄睡、童谣、早教等，不仅能安抚宝宝的睡眠，还能进行早教启蒙教育。

在儿童家具设计方面，AIGC 同样有重要应用。儿童的身体处于不断发育阶段，身高、体重以及活动能力变化较快，根据不同年龄段儿童的人体工程学数据，AIGC 可以设计出尺寸合适、功能多样且安全可靠的家具。例如，幼儿使用的桌椅，其高度会依据幼儿平均身高进行调低，桌面面积也会相对缩小，以适应他们较小的活动范围和操作能力，同时桌椅的边角会设计得更加圆润，避免出现磕碰伤害；随着儿童逐渐长大，进入小学阶段，书桌的功能可以增加，如设置分层的书架用于放置课本和文具，并且可以根据这个阶段儿童的手臂伸展长度来优化桌面的长宽尺寸，方便书写和使用电脑等操作。

同样，对于普通消费者来说，AIGC 也能满足他们追求独特性和个性化的需求。如今，很多消费者希望家具能够体现自己的审美、生活习惯以及特定空间的布局要求。借助 AIGC 技术，消费者可以输入自己的身高、体重、常用坐姿或站姿习惯等人体工程学相关数据，再结合对家具风格、颜色、材质等方面的偏好，系统就能生成符合个人需求的定制化家具设计方案。比如，一位喜欢现代简约风格且经常在家办公的用户，希望有一张既符合人体工程学又独具个性的办公桌，在 AIGC 定制平台上输入自己的相关数据以及对办公桌的期望样式、功能需求后，就能得到一份包含合适桌面高度、可调节角度、带有隐藏式充电接口和特定收纳区域等个性化设计的办公桌方案，真正实现了将人体工程学与个性化完美融合。

此外，AIGC 在优化定制化家具的人体工程学性能方面也起到持续跟进的作用。在家具制作完成交付使用后，通过收集用户实际使用过程中的反馈数据，如使用频率、舒适程度、是否存在不便之处等，AIGC 可以再次进行分析，为后续的改进或针对同一用户的其他家具定制提供更精准的参考依据，从而不断提升家具的人体工程学适配性和整体使用体验。

思考与练习

（1）AIGC 技术如何帮助设计师更好地理解和应用人体工程学原则？请结合实际案例，说明 AIGC 技术如何通过数据采集与分析、虚拟人体模型和个性化定制来优化家具设计的人体工程学性能。

（2）假设你正在设计一款办公椅，如何利用 AIGC 技术优化其人体工程学设计？请分析 AIGC 技术如何帮助你快速生成符合人体工程学的设计概念，例如虚拟人体模型和压力分布等方面。

（3）在使用 AIGC 技术时，如何确保生成的设计内容符合人体工程学的基本要求？请结合本章内容，讨论数据质量、技术局限性和用户反馈在优化设计中的作用。

第 4 章

家具材料与应用

4.1　实木类

　　实木类家具是木家具、综合类木家具以及全实木家具的泛称。具体而言，木家具是指其主要部件（不包括装饰件和配件）采用木质材料制成的家具；综合类木家具则是指采用实木、人造板等多种材料混合制作的家具，见图 4-1；而全实木家具则是指以实木锯材或实木板材为基材，经过表面涂饰处理或采用实木单板或薄木（木皮）贴面后再进行涂饰处理的家具，见图 4-2。其中，实木板材是通过对指接材、集成材等木材进行二次加工而制成的实木类材料。

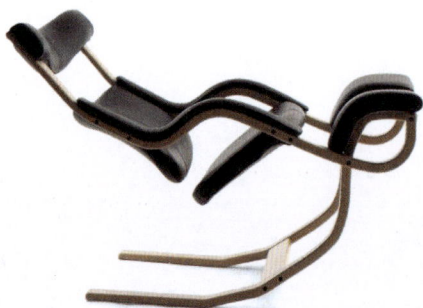

图 4-1（左）
Peter Opsvik 的重力平衡椅

图 4-2（右）
U＋融椅

4.1.1　木材的材性

木材作为实木类家具的主要原材料，广义上是指木质材料，既包括未经加工的各种原条、原木，也包括经初加工而制成的半成材和成材。木材的种类很多，材质构造比较复杂，它们除具有共性外，每一种木材都有特殊性。木材的材性，一般通过固有性能（物理、化学、力学）、加工性能、人文性能、经济性能、环境性能等性能指标来衡量，见表 4-1。

表 4-1　木材的性能特征

性能特征	具 体 描 述
密度	单位体积木材的质量，通常以 g/cm³ 或 kg/m³ 表示。木材的密度与其强度有一定的相关性，一般密度大的木材强度大。根据气干密度，木材可分为轻材（<0.4g/cm³）、中材（0.5～0.8g/cm³）和重材（>0.8g/cm³）
多孔性	木材的细胞结构组成使其成为典型的多孔性材料，因而具有很好的隔声吸音功能。同时，木材的吸湿性，使得其对居室环境有调湿功能
天然的色泽和美丽的花纹	切割方向、树种甚至树的部位不同，色泽和纹理都有很大差异。例如，红松的芯材呈淡玫瑰色，边材呈黄白色；杉木的芯材呈红褐色，边材呈淡黄色等。弦切板一般有 V 形花纹，径切板为近乎平行的纹理
胀缩性	木材是一种吸湿性材料，因而在自然条件下会发生干缩湿胀现象，到一定程度后会导致木制品的尺寸、形状和强度等发生变化，产生变形、开裂、翘曲、扭曲等不良现象
各向异性	木材是各向异性的非均质材料。实验证明，不管何种树种、木材体积大小如何、取自何处，它的纵向、径向、弦向这三个方向上，物理、化学和力学性质都具有一定差异，这种在树木生长过程中形成的天然属性称为木材的各向异性。这一性能在木材干燥和加工使用过程中都带来了不少困难
热电性能	由于木材是多孔性材料，纤维结构和细胞内停滞的是空气，而空气是热、电的不良导体，因此，隔热和电绝缘性好，热传导慢，热膨胀系数小，热胀冷缩的现象不明显，木材制成的家具能给人以冬暖夏凉的舒适感。但随着含水率的增大，其绝缘性能降低
化学性能	木材主要由纤维素、半纤维素、木质素和抽提物组成。纤维素起骨架作用，半纤维素起黏结作用，木质素强化细胞壁。木材抽提物如单宁、树脂等对木材的颜色、气味、强度等有影响。这些成分一起决定了木材的化学稳定性和加工性能。如不同树种的木材耐腐性差异较大，同一树种一般芯材的耐腐性优于边材
力学性能	木材的力学性能是其在承受外力作用时所表现出的各种特性，包括抗压、抗拉、抗剪等方面的强度和硬度、弹性模量等，不同方向和位置的木材有很大差异。当然，木材的力学性能受多种因素影响，包括木材的树种、含水率、生长环境、有无缺陷等
加工性能	木材具有良好的加工工艺性，经过采伐、锯截、干燥等便可使用，加工简便。它可以采用简单的手工工具或机械进行锯、刨、铣、钻、车、磨、雕刻等切削加工；也可以采用榫卯、胶、钉、五金连接件等多种方式接合；由于木材的管状细胞容易吸湿受润，因而易于漂白、涂饰、贴面、镶嵌等装饰处理；另外，还可以进行弯曲、压缩、切片（刨切、旋切）、改性（强化、防腐、防虫、防火、阻燃）等机械或化学处理
人文性能	木材的粗细、软硬、光泽、色彩、肌理、透明度、加工工艺及表面处理方式、程度等特征给人以生理、心理上不同的感官印象，或粗犷或细腻，或华丽或朴素。总体来说，木材的质、纹、色、香等都能给人带来良好的触觉感、视觉感和嗅觉感等，具有良好的人文特性
经济性能	普通杂木原材料和制造成本相对较低，红木类相对较高，但整体来说具有良好的经济特性
环境性能	木材是纯天然可再生材料，在整个生命周期中对环境负面影响小，是优异的环境友好型生态环保材料

此外，木材具有天然的木材缺陷，即呈现在木材上能降低其质量、影响其使用价值的各种缺点。常见木材缺陷共分为十大类：节子、变色、腐朽、虫害、裂纹、树干形状缺陷、木材构造缺陷、伤疤（损伤）、木材加工缺陷、变形。各大类又有若干分类和细类。各种缺陷对木材的质量影响是极不相同的。有一些缺陷可以扩大到整个树干，如尖削；有一些只在木材局部，如裂纹；还有一些仅占极小部分，如髓心。对于部分缺陷，只要去除缺陷存在的范围，就可消除它的不利影响。

4.1.2　木材的分类及特征

家具中常用的木材种类繁多，各具特色，产地广泛，性能各异，为家具设计提供了丰富的选择空间。表 4-2 大致列举了家具中常用的木材树种、主要产地、性能特征以及在家具中的使用情况。这些木材不仅具备实用的物理和化学性质，如硬度、耐磨性、耐腐蚀性等，更因独特的纹理、色泽和质感，为家具增添了无尽的艺术魅力。无论是用于打造高端大气的豪华家具，还是制作简约实用的日常用品，木材都能完美胜任，展现出其不可替代的价值。

表 4-2　常用木材及其在家具中的使用

木材树种	主 要 产 地	性 能 特 征	在家具中的使用
橡木	欧洲、北美	分为白橡和红橡，质地坚实，抗磨损能力强，纹理清晰	红橡主要用于家具（图 4-3），白橡多用于家具、地板和楼梯踏板等
黑胡桃木	北美、欧洲	深棕色，质感强，含水率低，耐腐蚀，不易变形，但价格较高	高档家具（图 4-4）和橱柜
橡胶木	东南亚、中国南方	生长周期短，制作的家具体积比高，性价比高，韧性好，不易开裂	儿童家具（图 4-5）和地板
松木	中国东北和华北、新西兰、俄罗斯	质地较软，价格相对便宜，纹理清晰美观，弹性和透气性强，但木质松软，易开裂	儿童家具（图 4-6）、书架、简易家具
水曲柳	中国东北和华北、俄罗斯	纹路美观清晰，饰面效果好，但变形较大，多做小木块拼接	家具饰面板，现代简约风格家具
榉木	中国南方	质地坚固较重，抗冲击强，纹理清晰、质地均匀、色调柔和流畅，但干燥时易产生裂纹	中高档家具，传统中式家具
榆木	中国北方	木性坚韧，纹理通达清晰，硬度与强度适中，性价比高	传统中式家具（图 4-7）
樱桃木	北美、欧洲	坚固，纹理细密，有光泽，颜色从淡红色到深红色皆有	拼花地板、装饰摆件、高档家具
柚木	中国南方地区、东南亚	木质坚硬，孔隙大，纹理清晰，油滑，表面富有光泽，硬度高，不易磨损	高档家具、地板、室内外装饰
桦木	广泛分布	质地坚固较重，抗冲击强，纹理清晰、质地均匀、色调柔和流畅，但有色差，干燥时易干裂或翘曲	中高档家具

木材树种	主 要 产 地	性 能 特 征	在家具中的使用
香樟木	中国南方	质重而硬，有强烈的樟脑香气，不易变形，耐虫蛀，可吸附空气中的异味气体	衣柜、箱子等
枫木	北美、欧洲	浅黄色至奶油色，纹理细腻，坚固耐用，耐磨损	现代和简约风格的家具，桌面、地板、厨具
红木	东南亚、非洲	泛指质硬而重的红褐色木材，国标确定红木范围为五属八类的芯材。木纹清晰美观，木质坚硬，密度高，结构稳定，耐久性好，不开裂、不变形	高档家具（图4-8）

图 4-3
哈顿木作的儿童家具（红橡）

图 4-4
东方新语的茶室家具（黑胡桃木）

图 4-5（左）
七彩人生的儿童床（橡胶木）

图 4-6（右）
维克贝贝的儿童床（辐射松木）

图 4-7
榆木四面平霸王枨桌

图 4-8
清代紫檀夔龙纹玫瑰椅

4.2 人造板类

人造板是以木材或其他非木材植物纤维为主要原料，经过机械加工分离成各种单元材料后，施加（或不施加）胶黏剂和其他添加剂胶合而成的板材或模压制品。它主要分为胶合板、刨花板、纤维板等，具有幅面大、结构稳定、易于加工、不易变形开裂等特点。

在家具制造中，人造板的应用非常广泛。其平整的表面和均匀的质地使得家具制造过程更容易，并且可以呈现出不同的表面效果。此外，人造板还具有良好的加工性能，可以进行切割、雕刻和钻孔等精细加工，非常适合大幅面定制家具的制作。同时，人造板的价格相对较低，有助于降低家具的生产成本，提高市场竞争力。木质人造板的性能及其在家具设计中的应用见表 4-3。

表 4-3 木质人造板的性能及其在家具设计中的应用

人造板种类	分类方式	性能特征	家具设计应用
胶合板	按层数分（如三合板、五合板等），按功能分（普通板、特种板）	由多层薄板胶合而成，相邻层单板纤维方向互相垂直，具有较好的强度、稳定性和尺寸稳定性，不易变形，可承受一定的外力作用	常用于制作柜体、桌面、柜门等家具部件，在需要一定强度和稳定性的结构中应用广泛
刨花板	按密度分（如低密度刨花板、中密度刨花板、高密度刨花板），按制造工艺分（如普通刨花板、定向刨花板等）	将木材或其他木质纤维原料加工成碎料，施加胶黏剂后在热力和压力作用下制成。密度越大，强度越高，但其加工性能和握钉力相对有差异。具有良好的吸音、隔热性能，成本较低	常用于制作对外观要求较高但承重要求不是特别高的家具，如现代简约风格的板式衣柜、橱柜等，通过贴面处理可获得美观的表面效果，并且在大规模生产中能有效控制成本

续表

人造板种类	分类方式	性能特征	家具设计应用
纤维板	按密度分（如低密度纤维板、中密度纤维板、高密度纤维板）	以木质纤维或其他植物纤维为原料，经纤维分离、成型、热压等工艺制成。密度越高，质地越细密坚硬，强度和耐磨性越好。中密度纤维板表面平整光滑，适合进行各种贴面、涂饰等加工处理；高密度纤维板常用于对硬度和强度要求较高的场合	中密度纤维板在家具制造中应用广泛，因具有良好的雕刻性，常用于制作家具的门板、抽屉面板等，通过印刷、贴膜等工艺呈现出多种装饰效果；高密度纤维板可用于制作一些需要耐磨、抗压的家具部件，如地板、台面、背板等
细木工板	按芯板材质分（如杉木细木工板、杨木细木工板等），按加工工艺分（如普通细木工板、防潮细木工板等）	由芯板和上下两层单板胶合而成。芯板通常采用实木条拼接而成，具有较高的强度和握钉力，结构相对稳定，且在一定程度上保留了实木的质感	常作为家具的框架结构材料，如制作床架、桌椅框架等，既利用了其强度优势，又能在外观上体现出类似实木的效果，同时结合其他贴面材料可以制作出外观精美、结构稳固的家具产品

　　此外，特殊工艺也为板式家具赋予了独特魅力。以层压胶合板的薄板胶合弯曲工艺为例，该工艺将同向排列的木单板胶合，通过特定模具使薄板弯曲成型，创造出流畅自然的曲线造型。北欧设计大师阿尔瓦·阿尔托的帕尼奥椅（图4-9）、伊姆斯夫妇设计的伊姆斯躺椅（图4-10）、格瑞特·贾克设计的层压椅（图4-11）、汉斯·瓦格纳设计的三足贝壳椅（图4-12）等经典家具，均借助这一工艺，将艺术美感与实用功能完美融合，为家具增添了别样风采。

图 4-9（左）
帕尼奥椅
（设计者：阿尔瓦·阿尔托）

图 4-10（右）
伊姆斯躺椅
（设计者：伊姆斯夫妇）

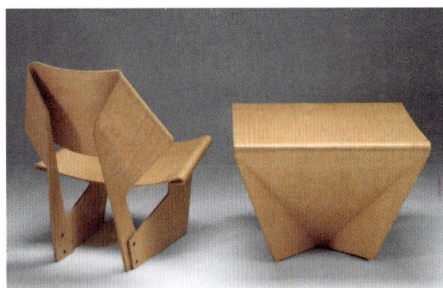

图 4-11（左）
层压椅
（设计者：格瑞特·贾克）

图 4-12（右）
三足贝壳椅
（设计者：汉斯·瓦格纳）

4.3　软体类

软体家具，主要是指以海绵、织物、泡沫塑料、弹簧、金属支架和其他软体材料为主要组成部分的家具，如沙发、软床等，见图 4-13～图 4-16。这类家具以柔软性、舒适性和弹性而著称。

图 4-13
山丘之歌三人沙发
（U+作品）

图 4-14
若谷双人沙发
（U+作品）

图 4-15
网红沙发

图 4-16
网红泡芙床

软体家具的主要材料包括以下几种。

（1）框架材料：常见的框架材料有实木、金属和人造板材。实木框架环保且耐用，但成本较高；金属框架具有较好的承重能力和稳定性；人造板材价格相对亲民，但需注意其环保性能。

（2）填充材料：优质的软体家具通常采用高密度海绵或乳胶等材料作为填充物，这些材料具有良好的回弹性和耐用性。此外，棕丝、棉毡等天然材料也被用作填充物，它们透气性好，有助于保持空气流通。

（3）面料材料：软体家具的面料种类繁多，包括纺织布料和皮革等。纺织布料面料柔软、透气性好，适合夏季使用；皮革面料则高档大气，易于清洁，但需注意其透气性和耐磨性。其中，皮革又可分为头层牛皮、二层牛皮、纳帕牛皮等，它们的质感和耐用性有所不同。此外，还有科技布和猫爪皮等合成材料，它们既具有皮革的质感，又具有布艺的透气性，且价格更亲民。

4.4　金属类

金属材料是指金属元素或以金属元素为主构成的具有金属特性的材料的统称，包括纯金属、合金、金属间化合物和特种金属材料等。在家具制造中，常用的金属材料包括铁、钢、铝、铜、锌、镍等及其合金，见表 4-4。

表 4-4　金属材料的特性及其在家具设计中的应用

金属种类	特性描述	在家具设计中的应用
钢：不锈钢、碳素钢、铸钢等	强度、韧性、延展性和可塑性强，易于加工和焊接	不锈钢常用于制作家具的支撑结构，如桌腿、椅腿等（图 4-17）；碳素钢因机械性能好、价格低，在家具中应用较广；铸钢的强度和耐磨性高，常用于制作家具中的承重部件或装饰性部件；偶尔也有钢板类家具（图 4-18）
铸铁	质重、性脆、抗压强度高、耐磨性好，且具有良好的铸造性能和切削性能	常用于制作家具中需要承受较大压力的部件，如桌腿、椅腿、基座等，也用于制作一些装饰性部件
铝及铝合金	轻质、耐腐蚀、易于加工，且具有良好的热导性和电导性	铝合金因轻质和美观的特性，常用于制作家具的框架、门窗、栏杆等部件，也用于制作一些轻便的家具，如折叠桌、折叠椅等（图 4-19）
铜及铜合金	具有良好的导电性、导热性和耐腐蚀性，且易于加工和铸造	黄铜（铜锌合金）因美丽的金黄色和优良的抗蚀性，常用于制作家具的装饰件，如拉手、铜扣等（图 4-20）；紫铜则因纯度高、色泽典雅，常用于制作一些高端的家具装饰或功能性部件

图 4-17（左）
卡萝娜椅
（设计者：保罗·沃尔德）

图 4-18（右）
"柔韧性良好"的扶手椅
（设计者：罗恩·阿诺德）

图 4-19（左）
铝合金可折叠桌椅

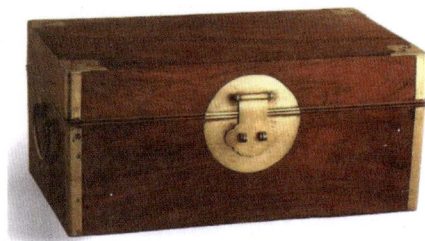

图 4-20（右）
明代黄花梨小箱

4.5　塑料类

塑料是一种有机高分子材料，通常是指在合成树脂中加入一定量的填充剂、增塑剂、稳定剂、润滑剂、着色剂等，在一定温度、一定压力下，可塑制成型，并在常温下能保持其形状不变、具有一定强度和刚度的材料。自 1965 年世界上第一块塑料实体面材杜邦可丽耐在美国面市以来，这种实体面材以良好的抗污染、抗冲击、抗霉变、抗剥落、易更新的性能以及天然的质感和绚丽的色彩被广泛应用于橱柜台面、室内外墙面、家具、照明灯多个领域，被赞誉为一种不可或缺及高度可信的素材。

塑料按受热时的行为反应可分为热塑性塑料（如聚烯烃类、聚乙烯基类、聚苯乙烯类、聚酰胺类、聚甲醛、聚碳酸酯、聚苯醚等）和热固性塑料（如酚醛、脲醛、三聚氰胺、环氧、不饱和聚氧、有机硅等）；按性能特点和应用范围，大致可分为通用塑料、工程塑料和特种塑料（导电、导磁、感光、防辐射、光导纤维、液晶、高分子分离膜等）三大类。但是这种分类并不十分严格，随着通用塑料工程化技术的进步，通过改性或合金化的通用塑料，已经可以在某些领域替代工程塑料。塑料材料及其在家具设计中的应用详见表 4-5，典型案例见图 4-21 所示由玻璃纤维和强聚酯树脂制成的球椅，图 4-22 所示内部填充高强度膨胀聚苯乙烯颗粒的布袋椅，图 4-23 所示由聚甲基丙烯酸甲酯（又名有机玻璃）制成的"布兰奇小姐"椅，图 4-24 所示由聚丙烯织物制成的 Seam 座椅和 Seam 长凳。

表 4-5　塑料材料及其在家具设计中的应用

塑 料 材 料	性 能 特 点	在家具设计中的应用
聚乙烯（PE）	乳白色，蜡状，半透明，比水轻，易燃，无味无毒，机械强度不高但抗冲击性好，化学稳定性好，耐热性差，电绝缘性好	扶手椅、咖啡桌、PE 藤仿藤家具
聚氯乙烯（PVC）	硬质强度高、刚度大，软质坚韧柔软，耐大多数酸碱，热稳定性差，电性能较好	管材、板材、窗户、楼梯扶手、窗帘、壁纸、床具等
聚丙烯（PP）	相对密度小，价格低，机械强度、刚度、硬度高，耐化学腐蚀性好，耐热性好，电绝缘性好，耐候性差	汽车座椅靠背、窗框、灯罩、桌布、椅子和长凳等

塑 料 材 料	性 能 特 点	在家具设计中的应用
聚苯乙烯（PS）	表面有光泽，透明，坚硬，脆性大，化学稳定性好，热导率小，耐候性不好，易加工	仪器仪表、灯罩、布袋椅等
ABS	浅象牙色，不透明，力学性能优良，耐化学性好，电气绝缘性好，耐候性差	Universale 椅等机械强度要求高的产品
酚醛树脂（PF）	强度及弹性模量高，耐热、耐磨、耐蚀，绝缘性能良好，制品颜色深	电气绝缘零件、耐磨防腐蚀材料、家具面板等
环氧树脂（ER）	对多种材料黏附性好，固化后机械强度高，耐酸碱及有机溶剂，电绝缘性好	汽车车身底漆、家具涂装、环氧"玻璃钢"等
氨基树脂（AF）	脲甲醛树脂易固化，表面硬度高，耐弱酸弱碱；三聚氰胺甲醛树脂耐热性好，表面坚硬	纽扣、餐具、家具、贴面板、装饰板材等
聚氨酯（PU）	弹性优异、耐撕裂、耐油、耐磨、耐化学腐蚀，吸震能力强	汽车保险杠、飞机起落架、装饰地板、椅子和坐垫等
有机玻璃（PMMA）	透明度高，重量轻，力学性能较好，电绝缘性好，耐候性好	飞机座舱玻璃、汽车船舶窗玻璃、透明餐具、椅子等
聚酰胺（PA，尼龙）	坚硬有光泽，力学性能优良，冲击强度和耐磨耗性突出，耐化学性好	机械零件、轴承、家具等
聚碳酸酯（PC）	透明度高，冲击韧性高，尺寸稳定性好，耐热耐寒性好	汽车照明系统、电子电器、家具等
亚克力（丙烯酸树脂）	高透明度、高加工性能	家具装饰件，如透明边缘、扶手等，提升美观性
聚甲醛（POM）	表面光滑有光泽，力学性能优异，耐磨，自润滑性好，热变形温度高	汽车、机床、家具等

图 4-21
球椅
（设计者：艾洛·阿尼奥）

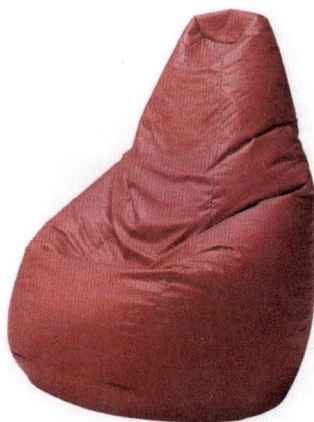

图 4-22
布袋椅
（设计者：皮耶罗·加蒂、弗朗哥·特奥多罗、塞萨尔·保里尼）

图 4-23
"布兰奇小姐"椅
（设计者：仓俣史朗）

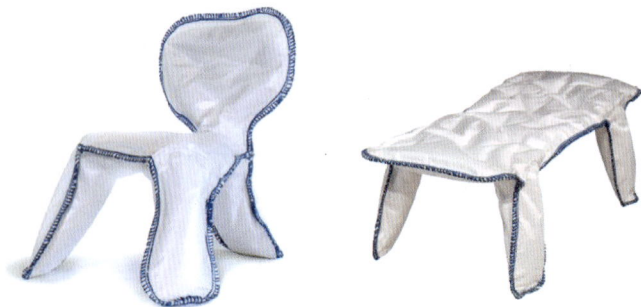

图 4-24
Seam 座椅和 Seam 长凳

4.6　玻璃类

　　玻璃，在中国古代被称为碧琉璃、琉璃、颇黎，近代也称为釉料，是将原料加热熔融再冷却凝固后得到的非晶态无机材料。《简明大不列颠百科全书》对玻璃的描述是："玻璃通常是一种透明而坚硬的固体，由某些液体冷凝而成，这种液体在冷凝的过程中不会结晶，而是越来越稠，直至成为固体。"玻璃的材料成分主要有基本原料、助溶剂和着色剂，还包括脱色剂、澄清剂和乳浊剂等。这些材料成分的构成也被称为"玻璃配方"。

　　玻璃的种类很多，各种玻璃的成分也非常复杂，这使得玻璃具有多种表象，如玻璃里面没有任何晶体结构，因此玻璃脆而易碎；但同时玻璃又具有很好的耐腐蚀性和可塑性。玻璃既非名副其实的固体，又非货真价实的液体，经常被描述为"物质的第四形态"。玻璃在家具设计领域有别样的应用优势，但同时也存在一些应用限制，需要在设计过程中加以特殊考虑。

　　普通平板玻璃是最常见的玻璃类型，其主要成分是二氧化硅等，通过简单的熔融、成型工艺制成。它具有良好的透明度，能够让光线透过，使空间显得更加通透开阔，在家具设计中常用于制作桌面、柜门等部件（图 4-25），或一些简约风格的茶几，如图 4-26 所示的茶几用压花玻璃作为桌面，搭配金属或木质的框架，营造出简洁、轻盈的视觉效果，让整个客厅空间看起来更加宽敞明亮。然而，普通平板玻璃的强度相对较低，受到外力撞击时容易破碎，破碎后会产生尖锐的碎片，存在一定的安全隐患，所以在一些人员频繁活动或者对安全要求较高的场所使用时，需要采取额外的防护措施，比如贴膜或者使用边框进行加固等。

　　钢化玻璃则是在普通平板玻璃的基础上经过特殊的热处理工艺加工而成，其强度得到了极大的提高，一般是普通平板玻璃的数倍，抗冲击能力明显增强。当受到外力冲击时，钢化玻璃不会像普通平板玻璃那样破碎成尖锐的碎片，而是会碎成带有钝角的小颗粒，大大降低了对人体造成伤害的风险，安全性更高。因此，钢化玻璃在家具中的应用更为广泛，如在浴室的玻璃隔断、厨房的玻璃移门、餐桌的桌面等场景中经常使用，既满足了通透美观的需求，又保障了使用安全。同时，钢化玻璃还可以经过一定的处理形成特殊的装饰，如 Patricia Urquiola 用复杂的工艺使钢化超轻玻璃桌呈现出大理石的颜色和纹理，效果令人惊讶，见图 4-27。

图 4-25
长虹玻璃柜
（设计者：周利波）

图 4-26
水纹玻璃茶几

图 4-27
Liquefy
（设计者：帕奇希娅·奥奇拉）

　　夹层玻璃是在两层或多层玻璃中间夹入透明的塑料薄膜（如聚乙烯醇缩丁醛胶片）复合而成，这种结构使得它兼具了玻璃的透明度和良好的安全性。即使玻璃外层受到撞击破碎，中间的塑料薄膜也会将破碎的玻璃片黏附在一起，防止碎片飞溅伤人，常用于一些对安全要求极高的场所，比如高层建筑物中的玻璃栏杆、银行柜台的防护玻璃等。在家具设计中，夹层玻璃也有独特的应用场景，例如一些有儿童活动的家庭中，使用夹层玻璃制作的茶几、展示柜等家具，可以有效避免儿童因意外碰撞玻璃而受伤。

　　艺术玻璃则更侧重于装饰性，它通过特殊的制造工艺，如雕刻、彩绘、喷砂等，赋予玻璃丰富的图案、色彩和质感，成为家具设计中的艺术点缀元素。例如，在一些古典中式或欧式风格的家具中，会采用带有精美雕花图案的艺术玻璃作为柜门镶嵌玻璃或者隔断玻璃，营造出华丽、高雅的氛围，见图 4-28；在现代风格的家居环境中，也可以使用艺术玻璃作为装饰屏风，通过光影的折射和反射，为空间增添独特的艺术氛围和视觉效果，见图 4-29。

图 4-28
艺术玻璃隔断

图 4-29
宜家艺术玻璃屏风

　　玻璃制品的品种繁多、形状各异，成型方法也有很多，如拉制法、吹制法、压制法、浇铸法、离心法等，也可以将这些方法组合起来，如压吹法、压延法等，还可以通过各种热加工（退火和淬火）和冷加工（研磨、抛光、磨边、喷砂、刻花、钻孔等）方法进行二次塑形，还可以热弯形成热弯玻璃。

　　在热弯过程中，还可以采用喷水切割和凹陷等工艺对玻璃玻璃制品进行再加工。图 4-30 是热亚姆公司在 1987 年制造的幽灵椅（GHOST 083），这款椅子选用了 12mm 厚的水晶玻璃作基材，根据椅子的最大周长和体积计算并切割出一块玻璃板，继而用喷水切割的方法（1000m/s 的混合磨料的高压水柱）制造一道缝隙，然后用一定的技术使其凹陷弯曲，从而获得连续、透明、幽灵般的形状。这种工艺适合于杂志架、桌子、椅子、餐具及其他任何使用平面玻璃的产品。

图 4-30
幽灵椅

4.7　竹藤及其他类

竹材与藤材作为天然的材料，凭借独特的物理性能和生态特性，在家具设计中展现出别具一格的优势与深厚的文化内涵。

竹材种类繁多，常见的有毛竹、楠竹等，它们的生长速度较快，一般 3～5 年就能成材，具有很强的可再生性，因此成为一种环保的家具材料选择。从物理性能来看，竹材具有较高的强度，其顺纹抗压强度和抗弯强度都比较可观，能够承受一定的重量和外力作用，所以在制作一些结构框架类的家具部件时表现出色，例如竹制的桌椅框架、床架等，能够保证家具结构稳固。同时，竹材的韧性较好，在经过一定的加工处理后，可以弯曲成各种形状，满足不同的造型设计需求，像一些竹制的屏风、花架等，通过巧妙地弯曲竹条，营造出富有韵律和艺术感的造型。竹材的弹性适中，所以用其制作的家具在使用过程中既有一定的弹性，又不会过于松软，给人舒适的触感。而且，竹材本身有自然优美的纹理，从淡雅的浅黄色到深绿色不等，这些纹理清晰可见，为家具增添了自然清新的气息，无论是用于传统中式风格还是现代简约风格的家具设计，都能展现出独特的韵味，传递出挺拔、质朴的质感，见图 4-31。

藤材同样有丰富的种类，如白藤、红藤等，它们生长在热带、亚热带地区，通常依附于其他物体生长，具有柔软而坚韧的特性。藤材的柔韧性使其非常适合进行手工编织，通过编织工艺可以制作出各种精美的家具部件，如藤编的座面、靠背、储物篮等，不仅具有良好的透气性，而且呈现出独特的手工艺术感，见图 4-32。在一些休闲风格的家具中，如藤编的摇椅、沙发等（图 4-33），让人坐在上面就能感受到惬意、舒适的氛围，仿佛与大自然更加亲近。藤材的外观色泽柔和，多为浅黄色或浅褐色，随着时间的推移和使用时间的延长，还会逐渐形成一种独特的包浆效果，更显古朴韵味，深受追求自然、复古风格消费者的喜爱。

图 4-31
竹家具
（设计者：石大宇）

图 4-32
藤椅

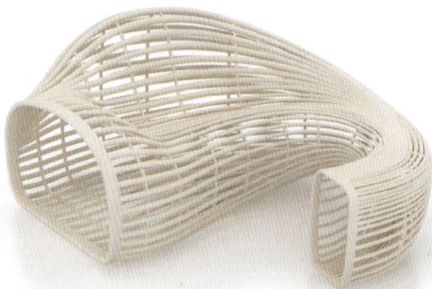

图 4-33
"和"
（设计者：王所玲）

4.8 AIGC 在材料方面的应用

4.8.1 大数据分析与智能推荐

AIGC 技术为家具材料的选择与优化提供了全新的思路和强大的工具，通过收集、整理与分析海量的家具材料性能数据，构建起全面且精准的材料性能数据库，进而利用机器学习算法与数据挖掘技术，依据家具设计的各种复杂条件，为设计师智能推荐合适的材料组合。比如，当设计一款现代简约风格的客厅沙发时，AIGC 技术会综合考虑沙发的承重需求、坐感舒适度、外观审美以及成本预算等多方面的设计需求与约束条件，推荐最合适的材料组合，让整个设计更具科学性和合理性。

周利波通过 Midjourney 生成了客厅沙发设计图（图 4-34），然后将此设计图片发给豆包，提出"请为这款客厅沙发推荐合适的材料组合"，收到的回答见图 4-35。他参考豆包所给答案，结合企业实际情况，生产制造出此款安所沙发，见图 4-36。

图 4-34
安所沙发 AIGC 图
（设计者：周利波）

图 4-35
豆包的材质建议

AIGC 通过学习大量不同风格家具实例所采用的材料特征，可以为设计师推荐设计作品的材质搭配。例如，当设计师输入想要打造的家具风格为中式古典时，AIGC 能迅速筛选出如红木、榆木等体现质感且富有传统文化韵味的天然木材，以及搭配使用的具有中式元素的黄铜配件等材料；而若设定为现代简约风格，AIGC 则可能推荐使用简洁的金属、玻璃、简约纹理的人造板等，从而营造出简洁、流畅的视觉效果，精准匹配相应风格的材料需求。

成本是家具设计生产过程中不可忽视的因素。AIGC 可以根据设计师给定的成本预算范围，在满足基本质量和功能要求的基础上，对各种材料进行性价比分析。比如，在设计一款批量生产的办公桌椅时，若预算有限，它会从众多可用于桌椅的材料里，选择价格相对亲民但能保证一定耐用性的工程塑料、中密度纤维板等材料，而非价格高昂的珍稀木材或高端金属材料，帮助设计师在成本控制与材料质量之间找到平衡。

同时，AIGC 还能模拟不同材料运用在家具上的实际效果，像皮革材料的光泽度、纹理质感，以及木材在不同涂装工艺下颜色的变化等。王新阳用 Midjourney 生成了云朵沙发设计图（图 4-37），让豆包推荐了两种最优面料——羊羔毛和科技布，然后让豆包模拟显示实物效果，分别见图 4-38 和图 4-39。设计师借助这些模拟效果图，能够更加直观地了

图 4-36
安所沙发实物图

图 4-37
云朵沙发 AIGC 图
（设计者：王新阳）

图 4-38
羊羔毛材质的云朵沙发模拟实物效果图

图 4-39
科技布面料的云朵沙发模拟实物效果图

解材料与家具设计风格之间的适配关系，从而在众多材料中做出更贴合设计初衷的选择，打造出独具特色且品质优良的家具产品。

4.8.2 性能模拟与优化

在家具材料性能方面，AIGC 可以对各类家具材料的性能进行模拟，并依据模拟结果进行针对性优化。例如，对于木质家具，AIGC 能够模拟不同木材在不同环境条件下的强度变化、抗变形能力以及耐用性表现等，通过分析这些模拟数据，指导设计师选择合适的木材种类以及相应的加工处理工艺，确保家具在长期使用过程中结构稳固，不易损坏。对于软体家具的材料优化，AIGC 可以模拟海绵、弹簧等填充材料的回弹性、支撑性以及透气性等性能指标，帮助设计师找到使这些性能达到最佳平衡状态的材料配置方案，提升家具的舒适度和使用寿命，进而全方位提高家具产品的整体品质。

（1）强度与耐久性优化：对于一些常用但性能有提升空间的家具材料，AIGC 可以通过模拟材料在不同使用环境下的受力情况、老化过程等，提出优化建议。例如，针对木质家具容易受潮变形、虫蛀的问题，AIGC 可以模拟分析不同木材处理工艺（如烘干程度、防腐防虫药剂的添加等）对木材长期稳定性和耐久性的影响，给出最佳的处理工艺参数，优化木材的性能，使其能更好地适应室内外不同环境，延长家具使用寿命。

（2）舒适性优化：像床垫、沙发等坐卧类家具，材料的舒适性至关重要。AIGC 可以模拟人体与家具接触时的压力分布、温度调节等情况，对床垫的弹簧系统、海绵层的密度和弹性，以及沙发的填充材料（如羽绒、高回弹海绵等）的配比进行优化，使家具能更好地贴合人体曲线，提供更舒适的坐卧体验。

（3）环保性能优化：随着人们环保意识的增强，家具材料的环保性备受关注。AIGC 能够分析各种材料在生产、使用及废弃过程中的环境影响因素，比如某些人造板材可能释放的甲醛等有害化学物质含量。它可以通过模拟不同胶黏剂、生产工艺对板材环保指标的影响，推荐采用更环保的胶黏剂配方，优化板材的加工工艺，从而降低有害物释放量；对于家具表面涂装材料，AIGC 也能筛选出低挥发性有机化合物（VOC）含量的环保漆、水性漆等，在保证家具美观的同时，减少对室内空气质量的污染。

（4）外观与质感优化：AIGC 可以根据流行趋势以及特定设计目标，对材料的外观和质感进行优化。例如，在木质家具表面处理方面，它能模拟不同的打磨工艺、上漆效果、染色方式等对木材纹理呈现和整体质感的影响，为设计师提供优化方案，使木材呈现出更细腻、独特的纹理质感，提升家具的美观度和艺术价值；对于金属家具，AIGC 可以模拟不同的表面处理工艺（如电镀、拉丝、磨砂等）在光泽度、触感等方面的效果，协助设计师打造出符合设计理念的独特外观，满足不同消费者对家具外观质感的个性化需求。

4.8.3 可持续性评估

随着环保理念在家具设计行业的日益深入人心，AIGC 技术在评估材料可持续性方面的优势越发凸显。它会综合考量材料的成本、来源是否可持续、生产加工过程中的环境影响，以及材料废弃后的可回收性等诸多因素。比如，在选择家具板材时，AIGC 可以对比分析实木板材、人造板材（如刨花板、纤维板等）在原材料获取、加工能耗、甲醛释放量以及废弃处理等环节对环境的影响程度，同时结合成本因素，为设计师提供既满足环保要求又经济实惠的材料方案，助力家具行业朝绿色、可持续的方向发展。

4.8.4　新材料的设计与开发

在家具新材料的设计与开发过程中，AIGC 可以通过分析新型材料的分子结构，精准预测材料的生物相容性、防火性、防潮性以及可能产生的气味等特性，为开发更符合家具使用场景和安全健康要求的新材料提供有力的理论依据。例如，在研发新型环保家具涂层材料时，AIGC 可以模拟不同化学配方下涂层的附着力、耐磨性、耐腐蚀性以及光泽度等性能，帮助研究人员快速筛选出最优的配方组合，设计出具有创新性的涂层材料，不仅能提升家具的外观品质，还能增强其防护性能。

思考与练习

（1）AIGC 技术如何帮助设计师更好地选择和优化家具材料？请结合实际案例说明 AIGC 技术如何通过大数据分析、智能推荐和性能模拟来优化材料选择。

（2）假设你正在设计一款环保型家具，如何利用 AIGC 技术优化其材料选择和性能？请分析 AIGC 技术如何帮助你快速生成符合环保要求的设计概念，例如通过可持续材料的智能推荐和性能模拟。

（3）在选择家具材料时，设计师需要考虑哪些关键因素？结合本章内容，讨论如何通过 AIGC 技术平衡材料的美观性、耐用性和环保性。

第 5 章

家具造型设计

家具造型设计是指运用美学原理、设计方法和相关技术手段，对家具的外观形态、结构特征、装饰元素等方面进行综合规划和创新构思，以满足人们在功能、审美、情感等方面的需求，创造出既实用又美观的家具产品。它是家具设计的核心内容之一，贯穿家具设计的全过程，从概念构思到最终产品的呈现，都离不开对家具造型的精心雕琢。

5.1　家具造型基本要素

在家具造型设计中，点、线、面、体作为基本的构成要素，各自发挥独特且不可或缺的作用，它们相互组合、变化，共同塑造出丰富多彩的家具形态与视觉审美效果。

5.1.1　点的运用

点是家具造型中最基本的元素，尽管它在空间中所占的面积较小，却有着强大的视觉影响力。点的位置、大小和形状等因素都能营造出不同的视觉焦点效果。图 5-1 所示是 U＋的双门承象柜，柜门门把手作为点元素，不仅方便了家具的使用，更在整体造型中起到画龙点睛的作用，成为整个家具的视觉焦点之一。

从位置角度来看，点处于家具的中心位置时，往往会给人稳定、均衡的视觉感受，强

图 5-1
双门承象柜及其局部细节
（U+作品）

调了家具的核心所在；而点若偏离中心放置，比如在桌面的一角摆放一个小型的装饰摆件，则会打破这种平衡，产生动态感和引导视线移动的效果，促使人们的目光自然地朝其所在方向聚焦，进而延伸到家具的其他部分，增加视觉的趣味性和层次感。

　　点的大小变化同样影响视觉效果。较大的点元素会显得更加突出、醒目，具有较强的视觉冲击力，常用于强调家具的重要功能部位或独特装饰部位，见图 5-2；而较小的点则更加细腻、含蓄，可通过重复排列等方式营造出精致、有序的氛围，既起到装饰作用，又体现出规整的美感，见图 5-3。

图 5-2
听园玄关柜及其局部细节
（U+作品）

图 5-3
妙境玄关柜
（U+作品）

5.1.2　线的运用

　　线在家具造型中是极具表现力的元素，不同类型的线，如直线、曲线、折线等，都承载了独特的情感表达，并且其方向和长度也会对家具的造型风格产生深远影响。

　　直线具有简洁、硬朗、明快的特点，常传达出理性、秩序和稳定的感觉。在现代简约风格的家具中，直线的运用尤为广泛。图 5-4 所示是一把由简洁的直线条构成框架的座椅，没有过多的修饰，所有线条纤细笔挺，让整个造型更加饱满，拥有了从容淡定、豁然大度的幽雅气质。水平方向的直线给人平稳、宁静的视觉感受，常用于桌面、椅背等部

位，强调家具的平稳性和舒适性（图 5-5）；垂直方向的直线，则体现出挺拔、庄重的感觉
（图 5-6），像柜体的边框、桌腿、椅背等部分使用垂直直线，能够增强家具的立体感和稳
固感（图 5-7）。

　　曲线则与直线形成鲜明对比，它展现出柔美、流畅、优雅的特质，富有动感和韵律，
常被用于营造浪漫、温馨或富有艺术感的家具风格。曲线的弧度大小、弯曲程度等变化也
会产生不同的视觉效果，小弧度的曲线相对柔和、内敛，而大弧度的曲线则更加张扬、富
有张力，能够成为家具造型中的视觉亮点（图 5-8 和图 5-9）。

　　折线则兼具了直线的硬朗和曲线的变化感，它通过角度的转折形成独特的节奏感，可
用于创造独特、个性的家具造型，见图 5-10。折线在家具中应用广泛，它可以起装饰作
用，能增添视觉焦点、丰富层次感并体现个性风格，如沙发靠背上的折线线型、衣柜门板
的折线装饰线条；也可以用于塑造家具造型，像扶手、靠背、柜体轮廓及桌凳腿等，赋予
家具独特外观与舒适体验；还能满足功能需求，如收纳折叠家具利用折线方便操作与增加
空间，折线形家具用于空间划分与组合，见图 5-11。

图 5-4（左）
宽椅
（U+作品）

图 5-5（右）
U+ 系列家具

图 5-6
孔雀椅
（设计者：汉斯·韦格纳）

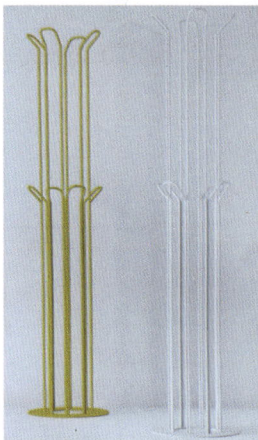

图 5-7
Palm 衣架
（DZ 工作室作品）

图 5-8
Enignum 椅
（约瑟夫·沃尔什工作室作品）

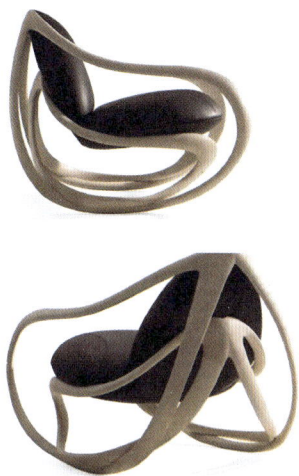

图 5-9
Giorgetti 扶手椅

图 5-10
可折叠的金属椅

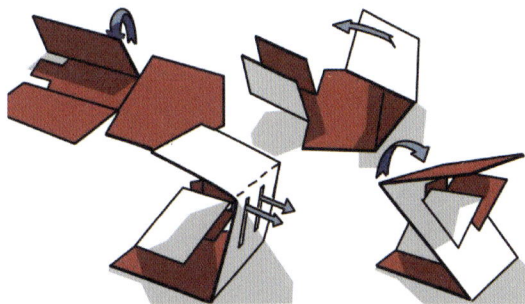

图 5-11
纸板凳

5.1.3 面的运用

　　面作为由线移动所形成的元素，其形状、大小和比例在构建家具的空间感与视觉稳定性方面起了关键作用。

　　圆形面给人圆满、柔和、包容的感觉，常用于营造温馨、舒适的氛围。例如，如意圆桌（图 5-12）体现了中国传统文化中对团聚和团圆的追求，这一主题永恒不变。如意圆桌的设计独具匠心，其桌体圆润流畅，形态既似满月又如花瓶，这种设计自然使人联想到团圆美满的情景。同时，在家庭聚餐场景中使用圆形餐桌，能够充分利用其圆润外形避免尖锐边角产生的不便，使家人围坐时感到更加亲近、融洽。此外，圆形餐桌还能为空间增添柔和的视觉效果，有效地弱化室内的硬朗感，营造出更温馨和谐的家庭环境。

　　方形面则具有稳定、规整、严谨的特点，是最常见的家具面的形状之一，像衣柜、书柜等柜体的柜门通常采用方形面，便于物品的收纳整理以及与室内空间的规整布局相协调，传达出可靠、有序的视觉信息，见图 5-13。

三角形面具有独特的稳定性和指向性，根据其不同的角度和放置方式，可以创造出多样的视觉效果，带来不同的生活效应。谢穗坚设计的三国茶道中式茶台（图 5-14），基于解决传统茶桌座次之主次之分而给饮茶者带来的身份不对等、亲疏有别等心理落差，给予就座者均等的关注与服务角度，采用勾三股四弦五的黄金比例三角形设计而成。

图 5-12
如意圆桌
（U+作品）

图 5-13
餐边柜

图 5-14
三国茶道中式茶台
（设计者：谢穗坚）

面的大小和比例关系也至关重要，合适的比例能够使家具、家居环境看起来更加和谐、美观，见图 5-15～图 5-17。面的大小直接影响家具视觉效果，大面给人充实、稳定感，主导空间，让空间紧凑有凝聚力；小面则带来精致、灵动氛围，增添透气感。面的大小差异还能引导视觉重心，大面易吸引注意力成为焦点，小面起强调点缀作用。比例关系方面，整体与局部的协调不可或缺，各部件间比例需恰当，否则会破坏平衡与美感。经典比例原则如黄金分割比例、整数比例的运用，能赋予家具和谐舒适的视觉感受与规整有序的效果，使家具在满足功能需求的同时，具备更高的审美价值。

图 5-15
U+家居空间

图 5-16
明代黄花梨联三橱

图 5-17
贝佳斯沙发

5.1.4　体的运用

　　体是由面围合或者点、线、面的运动所构成的三维形态，正方体、球体、圆柱体等不同的体形态，凭借自身的形态、体积、质感等因素，在塑造家具的立体感方面有显著效果。

图 5-18
沙发
（设计者：瓦尔特·格罗皮乌斯）

　　正方体或长方体形态的家具给人一种稳重、厚实、规整的感觉，常用于一些需要强调结构稳定性和收纳功能的家具，如大型的储物箱、传统的实木衣柜等，其简洁的外形和规则的结构让人一眼就能感受到它的可靠与耐用，见图 5-18。

　　球体则是一种极具圆润感和动态感的形态，在家具中单独使用的情况相对较少，常常以局部造型元素、装饰元素或者组合元素的形式出现。例如，蛋椅（图 5-19）外观仿鸡蛋壳形状，可以 360° 旋转，且带有倾仰功能，内有定型海绵增加弹性，包饰羊毛绒布或真皮，不仅坐感舒适，而且外观圆滑饱满。

　　圆柱体在家具造型中应用较为广泛，它既有直线的挺拔感，又因曲面的存在而具有柔和的特质。例如，一些现代风格的椅凳采用圆柱体的凳腿，既保证了支撑的稳固性，又通过曲面的过渡使整个凳子看起来更加优雅、流畅，与不同风格的桌面搭配都能相得益彰，见图 5-20。同时，体的质感也会影响其视觉效果，比如木质的体给人温润、自然的质感，金属的体则展现出冷峻、硬朗的光泽，不同质感的体相互搭配或对比，能够创造出丰富多样的家具造型风格。此外，圆锥体等几何形体在家具中用得也较多，见图 5-21。

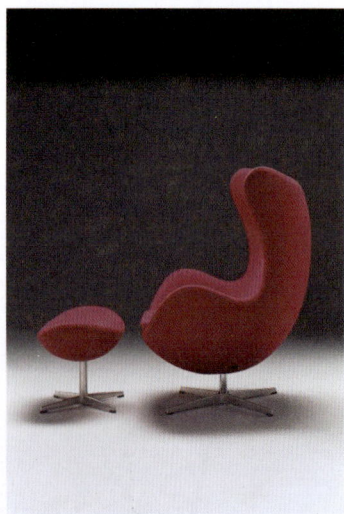

图 5-19
蛋椅
（设计者：安恩·雅各布森）

图 5-20
休闲蜘蛛椅
（设计者：泰杰·埃克斯特罗姆）

图 5-21
锥形椅
（设计者：维纳尔·潘东）

5.1.5　色彩与质感

1. 家具色彩

　　家具色彩具有丰富的情感属性，不同的颜色能够唤起人们不同的情感反应和心理感受。例如，蓝色给人一种宁静、深邃、沉稳的感觉，常用于书房、卧室等需要营造安静氛围的家具上，帮助使用者放松心情、集中精力。而红色通常代表热情、活力、喜庆，在一些中式传统风格的家具中，红色的运用较为常见，如红色的雕花太师椅、红色的婚床等，不仅展现出喜庆的氛围，更承载了深厚的文化内涵，象征着吉祥如意、红红火火的美好生活寓意。例如，浙江尤其是宁海地区的"十里红妆"（图 5-22）中的十里指的是浩浩荡荡、绵延数里的迎亲队伍，在婚期前一天送亲的队伍挑着数量颇多且丰富的嫁妆，大到床铺桌椅，小到线板纺锤，绵延数里送往男方家。其中的家具，像婚床、衣柜、梳妆台等，造型精巧、工艺精湛，多以朱红髹饰，故而得名，已成为浙江宁海的一张非遗名片。

图 5-22
"十里红妆"

　　从文化象征意义角度来看，不同地区、民族的文化赋予了色彩独特的含义。在西方文化中，白色常与纯洁、神圣相关联，常用于婚礼等庄重场合的家具装饰；而在中国文化中，白色在某些情境下有哀悼、肃穆的象征意义。黄色在古代中国是皇家专用的颜色，象征尊贵、权威，因此在一些古典宫廷风格的家具中会采用金黄色的装饰元素来彰显其高贵的身份。

　　在色彩搭配方面，有多种原则和方法来营造不同的视觉效果和氛围。同类色搭配是指选择同一色相但明度、饱和度不同的颜色进行搭配，这种搭配方式能够营造出和谐统一的视觉效果，使家具整体显得简洁、高雅且富有层次感。

　　邻近色搭配则是选用色相环上相邻的颜色进行组合，如黄色与绿色、橙色与红色等（图 5-23），这种搭配方式能够创造出温馨、自然的视觉效果，给人一种柔和、融洽的感觉。例如，在儿童房的家具设计中，使用浅蓝色的书桌搭配浅绿色的椅子以及淡黄色的收纳柜，营造出充满童趣、清新自然的空间氛围，符合儿童活泼、天真的性格特点。

　　对比色搭配是将色相环上相对位置的颜色进行搭配，如红色与绿色、黄色与紫色等，这种搭配方式能够产生强烈的视觉冲击力，使家具造型更加醒目、活泼，常用于需要突出个性或者营造独特氛围的家具设计中，见图 5-24。

图 5-23
沙发

图 5-24
仙人掌椅
（设计者：瓦伦蒂娜·冈萨雷斯·沃勒斯）

2. 色彩在不同空间环境中的视觉效果与氛围营造作用

　　色彩在不同的室内外空间环境中具有独特的视觉效果和氛围营造作用。在室内空间中，客厅作为家庭活动和接待客人的主要场所，通常会采用明亮、温暖的色彩来营造出热情、友好、舒适的氛围，如米黄色、浅橙色等色调的沙发、茶几等家具，能够让人们在进入客厅时感受到温馨和愉悦，见图 5-25；书房的设计则更倾向于使用冷色调或者中性色调，如浅蓝色、淡灰色等，有助于使用者集中精力、安静思考，营造出静谧、沉稳的学习和工作氛围。

　　卧室的色彩选择要根据使用者的年龄、性别和个人喜好来确定。一般来说，女性卧室可能会采用柔和的粉色、紫色等营造出浪漫、温馨的氛围，而男性卧室则多以深蓝色、深灰色等体现出沉稳、内敛的气质。对于老年人的卧室，家具色彩通常选择偏暖且柔和的色调，如米白色、浅黄色等，给人一种温馨、安宁的感觉，符合老年人的心理需求。

图 5-25
客厅组合
（设计者：林伟俊）

在室外空间中，户外家具的色彩要考虑与自然环境的融合以及耐候性等因素。例如，在公园的长椅、餐桌等户外家具设计中，常采用绿色、棕色等与大自然相呼应的色彩，使家具能够自然地融入周围的景观环境中，同时这些颜色相对较耐脏、耐晒，能够在较长时间内保持美观效果。

3. 不同材料的质感特点及其对家具造型的影响

在家具造型设计中，不同材料的质感特点对家具造型的丰富、强化以及独特表达起到重要作用。木材作为传统且常用的家具材料，具有温润、自然的质感，其纹理细腻、独特，能够给人带来亲近大自然的感觉。金属材料有冷峻、硬朗的光泽质感，其表面光滑，反光性强，给人一种坚固、耐用且富有现代感的感觉，见图 5-26。塑料材料的质感特点是光滑细腻，具有良好的可塑性，能够通过模具加工制成各种复杂的形状、丰富的色彩和多变的造型，见图 5-27。玻璃材料则以通透晶莹的质感独树一帜，它能够使空间显得更加开阔、明亮，并且具有良好的装饰性。竹藤材料有自然质朴的质感，其纹理清晰，手感舒

图 5-26（左）
拉丝不锈钢茶几
（设计者：周利波）

图 5-27（右）
格杰家具
（设计者：周利波）

适，传递出清新、悠闲的生活韵味。在进行家具设计时，在满足功能和造型需求前提下，还要做到与整体空间风格、光线条件协调统一。

5.2　家具造型设计美学形式法则

5.2.1　比例与尺度

1. 比例与尺度的核心重要性

比例与尺度在家具造型设计中处于核心地位，它们如同隐藏在家具背后的美学密码，决定了家具的美感、实用性以及舒适性等多个关键方面。正确运用比例与尺度关系，能够使家具在视觉上达到和谐统一，与周围环境相得益彰，同时也能更好地满足人体工程学的要求，让使用者在使用过程中感到舒适与便捷。

从美学角度来看，合适的比例关系能够赋予家具内在的秩序感和美感，使其成为一件艺术品般的存在。例如，经典的黄金分割比例，在诸多经典的家具设计中都有广泛应用，它所营造出的和谐美感让人在视觉上产生愉悦的感受，仿佛家具的每一个部分都恰到好处地处于应有的位置，相互呼应、相互衬托，展现出自然而优雅的气质。

从实用性方面考虑，依据人体尺寸以及使用环境空间大小来确定家具的尺度关系，能够保障家具的功能得以充分发挥。比如，书桌的高度需要根据人体的坐姿高度以及手臂的操作范围来确定，只有这样，使用者在书写、使用计算机等操作时才能保持舒适的姿势，避免因桌面过高或过低而导致出现手臂疲劳、颈椎不适等问题；衣柜的深度要考虑衣物的悬挂和收纳空间需求，以及人体在取放衣物时的操作便利性，过深或过浅都会影响其实际使用功能。

2. 经典比例关系的应用方法与艺术效果

在家具设计中，有许多经典的比例关系被广泛应用，它们都有独特的计算方法和艺术效果。

黄金分割比例，约为 1 : 1.618，被视为最具美感的比例关系之一。在家具设计中，常体现在家具各部分尺寸的确定上。图 5-28 所示的箱柜，每一个橱窗的尺寸比都严格按照斐波那契数列进行切割，每个小橱窗都是一个符合黄金比的矩形。再如，一些古典风格家具的装饰部件，其大小和位置的安排也遵循黄金分割比例，使其在整体造型中更加突出且与其他部分融合得恰到好处，彰显出高贵、典雅的艺术气质。

根号矩形也是一种常用的比例关系，它通过对正方形边长进行特定倍数的开方运算来确定矩形的边长，如 $\sqrt{2}$ 矩形、$\sqrt{3}$ 矩形等。这些比例关系在家具设计中能够营造出不同的空间感和视觉效果。例如，采用 $\sqrt{2}$ 矩形比例设计的柜体，其门板、抽屉等部件之间的比例关系会显得更加规整、有序，给人一种严谨、专业的视觉感受，常用于办公家具或者一些现代简约风格且注重功能性的家具设计中，见图 5-29。

等差数列比例关系则是通过相邻两项之间保持固定差值的数列来确定家具各部分的尺寸比例。这种比例关系在一些具有重复元素或者需要体现节奏感的家具设计中应用较多。

图 5-28
箱柜

图 5-29
U＋家具

比如，在设计一组带有多个抽屉的梳妆台时，抽屉的高度可以按照等差数列的方式进行设置，使抽屉之间呈现出有规律的变化，引导视线有序移动，增加了家具造型的节奏感和趣味性，同时也方便使用者根据不同物品的收纳需求进行分类存放。

3. 依据人体尺寸与环境确定和谐尺度关系

结合人体工程学数据以及实际使用场景来确定家具的尺度关系是至关重要的。人体尺寸是家具设计的基础依据，不同年龄、性别、身高的人群在使用家具时有不同的身体尺度需求。例如，座椅的座面高度一般在 400～450mm，这个范围是根据人体小腿长度以及坐下时的舒适姿势来确定的，能够保证使用者的双脚平稳着地，大腿与地面大致平行，避免腿部血液流通不畅和腰部过度受力。

同时，家具与周围环境空间的尺度关系也需要精心考量。在一个较小的卧室空间中，选择尺寸过大的床和衣柜可能会使空间显得拥挤不堪，影响居住者的活动和视觉感受；而在宽敞的客厅里，如果摆放尺寸过小的沙发、茶几等家具，则会让空间显得空旷、不协调。因此，需要根据房间的面积大小、空间形状以及门窗等建筑元素的布局，合理确定家具的尺寸和摆放位置，使家具与整个空间环境相互融合、相互衬托，营造出舒适、和谐的室内环境。

5.2.2　对称与均衡

对称与均衡作为重要的形式美法则，在家具设计中有深厚的美学原理和独特的心理感受传达作用。

对称是指将家具的形态、元素等以中轴线或中心点为基准，在两侧或上下等对应位置进行完全相同或基本相同的布置，这种布局方式基于人们对平衡、稳定的视觉和心理需求，能给人带来稳定、庄重、严谨的视觉感受。从美学角度来看，对称体现了一种秩序感和规律性，让人的视线在浏览家具时能够轻松、流畅地移动，感受到和谐与完美，仿佛一切都处于有条不紊的状态，见图 5-30。在心理层面，对称的家具造型往往会让人联想到传统、经典、可靠等特质，给人一种心理上的安全感和信赖感。

而均衡则是在视觉上通过不同元素的分布、大小、疏密等变化来达到平衡感的布局方式，虽然元素之间并非完全对称，却能营造出活泼、灵动、富有张力的动态美感。它更注重的是视觉上的重量感平衡，通过巧妙地安排家具各部分的形态、色彩、质感等因素，使整个家具造型在不对称的情况下依然给人一种稳定、和谐的感觉。

同时，在不同的设计风格、文化背景以及功能需求下，对称与均衡有各自独特的应用特点与表现形式。例如，东方设计受儒家、道家等思想影响，更强调对称所蕴含的和谐、秩序、内敛等精神内涵，注重通过对称的家具布局来营造宁静、庄重的空间氛围，体现人与环境、人与人之间的和谐关系。在表现形式上，除外形的对称外，还讲究装饰元素的对称呼应，如中式家具中的榫卯结构、雕花图案等都是成对出现，相互映衬，体现出含蓄、细腻的美感，见图 5-31。

图 5-30（左）
明代黄花梨宝座式镜台

图 5-31（右）
明代黄花梨高面盆架

而在西方设计中，虽然也重视对称带来的稳定感，但在均衡的运用上更加大胆、开放，更注重通过元素的对比、变化来营造出强烈的视觉冲击力和动态感。例如，西方现代艺术风格的家具会将不同形状、色彩、质感的元素进行碰撞组合，通过巧妙的布局实现均衡，展现出外向、张扬的审美情趣。

5.2.3　韵律与节奏

韵律与节奏作为形式美法则的重要组成部分，在家具造型设计中有多种体现方式。它们通过元素的有序排列和变化，为家具增添了动感、秩序感以及独特的艺术魅力。

1. 重复韵律

重复韵律是指相同的元素在形状、大小、颜色、材质等方面进行连续排列所形成的韵律感。例如，在一个现代简约风格的搁架设计中，相同形状和尺寸的搁板按照等间距垂直排列，形成了简洁、规整的重复韵律，让人的视线在浏览搁架时能够自然地顺着搁板的排列方向移动，感受到整齐、有序的美感，同时也方便了物品的分类存放和取用，见图 5-32。一些沙发靠背用相同的纽扣进行等距排列装饰，这些纽扣在形状、大小和材质上都保持一致，通过连续的重复排列，为沙发增添一份精致感和节奏感，使原本单调的靠背表面变得生动起来。

2. 渐变韵律

渐变韵律是指元素在形态、尺寸、颜色等方面逐渐发生变化，从而形成有序的过渡效果。比如，在设计一组沙发时，沙发的形状从大到小或者颜色从浅到深进行过渡，这种渐变的变化方式营造出了柔和、流畅的韵律感，仿佛是一种自然的生长或流动的过程，引导人们的视线逐渐移动，增加了视觉的趣味性和层次感，见图 5-33。在家具的装饰线条设计

图 5-32（左）
叠山搁架
（U+作品）

图 5-33（右）
Do-Lo-Rez 拼接地毯沙发

中也常运用渐变韵律，如在一个衣柜的柜门表面，雕刻的花纹线条从细到粗逐渐变化，使整个柜门呈现出富有动态变化的美感，避免了单调和平板，同时也体现出了细腻的设计心思。

3. 交错韵律

交错韵律是指通过不同元素或相同元素以交替的方式进行排列而产生的节奏感。例如，在一款创意的餐桌设计中，桌面采用木质和玻璃交替拼接的方式，木质部分有自然的纹理，玻璃部分则通透晶莹，二者相互交错，形成了独特的交错韵律，不仅在视觉上打破了单一材质的单调感，还营造出了活泼、灵动的氛围，使餐桌成为整个餐厅空间的视觉焦点。

韵律与节奏在家具中的使用有引导视觉流程、增强家具造型的动感与秩序感、提升设计的节奏感与连贯性的作用与艺术效果。首先，它能够像无形的线索一样，引导人们的视线在家具上自然、有序地移动，使人们更加全面、深入地欣赏家具的各个部分和整体造型。其次，渐变韵律通过元素的逐渐变化，给人一种动态的、连续的感觉，仿佛家具的造型是处于运动或变化之中，为原本静态的家具增添了动感。最后，通过合理运用各种韵律与节奏的体现方式，家具的不同部分之间能够形成紧密的联系，就像音乐中的音符一样，相互呼应、相互配合，使整个设计具有连贯的节奏感，见图 5-34。

图 5-34
Vista 咖啡桌
（设计者：普雷娜·潘瓦尼）

5.2.4　统一与变化

统一与变化是家具设计中一对相互依存、相互制约的辩证关系，它们的合理运用对于打造既具有整体风格又富有丰富内涵的家具造型起到核心作用。

统一强调的是在家具设计中保持整体的一致性和协调性，使各个部分之间能够相互呼应、相互融合，形成一个有机的整体。它能够让家具传达出明确的风格定位，给人一种简洁、规整的视觉感受，避免因元素过多、风格杂乱而导致混乱和无序。例如，在现代简约风格的家具系列中，整体上会遵循统一的设计原则，采用简洁的线条、中性的色彩以及简约的装饰手法，无论是沙发、茶几还是电视柜等，都在这些方面保持一致，让人一眼就能识别出其现代简约的风格特征，营造出简洁、高效、舒适的空间氛围。

然而，如果只有统一而缺乏变化，家具造型就容易陷入单调、呆板的境地，缺乏吸引力和趣味性。变化则是在保持整体统一风格的基础上，通过对造型细节、装饰元素、材料质感等方面进行局部的调整和创新，为家具增添独特性、丰富性和趣味性。比如，同样是现代简约风格的家具，在沙发的线条设计上，可以在部分区域采用微微的曲线变化，打破直线的单调感；或者在装饰元素方面，在抱枕上添加一些简洁的几何图案，与整体的简约风格相呼应的同时又有细节上的变化；又或者在材料质感上，将软包的座面与木质的扶手进行拼接，利用不同材质的对比营造出独特的视觉效果，使沙发在整体简约的基础上更具个性和魅力，见图 5-35。

图 5-35
承启三人塌
（U+作品）

通过把握好统一与变化的辩证关系，设计师能够在满足用户对于家具风格一致性需求的同时，展现出独特的设计创意，通过增加家具趣味性、丰富性与独特性等方法，使家具能在众多产品中脱颖而出，更好地适应不同用户的审美和功能需求，提升家具的艺术价值和市场竞争力。在家具设计中，造型设计中线条的曲直变化、装饰元素的繁简搭配、材料质感上局部的特殊处理等，都能让家具焕发出新的魅力。

5.2.5　稳定与轻巧

稳定是指家具在使用过程中能够保持平衡，不轻易出现倾倒或摇晃的状态，它关乎家具的安全性和实用性。轻巧则强调家具在视觉上给人以轻盈、灵活的感觉，使家具在空间中显得不那么笨重，更具动感和活力。在家具造型设计中，稳定与轻巧是一对既相互关联又相互制约的要素，设计师需要巧妙地平衡二者，以达到既稳固又美观的效果。

1. 稳定性的设计要点

想要提升家具的稳定性，可以从结构和视觉两个方面入手。在结构上，应采用坚固的材料和合理的支撑方式，如增加支撑点的数量和强度，使家具能够承受一定的重量和外力作用而不变形或倾倒。同时，合理的连接方式也至关重要，它能增强家具各部件之间的整体性和稳定性。

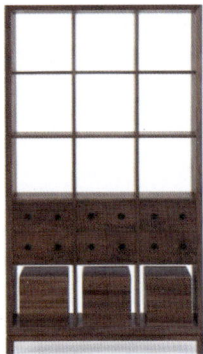

图 5-36
大承象书架
（U+作品）

在视觉上，可以通过降低家具的视觉重心来增强稳定感，比如将较重的材质或深色部分置于家具的底部，而将轻薄的材质或浅色部分置于上部，从而营造出稳重而平衡的视觉效果。此外，对称与均衡的设计手法也能有效提升视觉稳定性，通过对家具各部分的形状、大小、色彩等元素进行合理布局，使家具在视觉上形成动态的均衡，进一步增强稳定感，见图 5-36。

2. 轻巧感的设计手法

轻巧感则是家具造型设计中追求的一种视觉效果，它能使家具在空间中显得不那么笨重，更具动感和活力。营造轻巧感的方法多种多样。首先，简化造型是关键，去除不必要的装饰和烦琐的细节，采用简洁的线条和简单的几何形状来构建家具的基本造型，这样可以使家具在视觉上显得更加轻盈、灵动。其次，选择合适的材质也能对轻巧感的营造起到重要作用。透明或半透明的材质，如玻璃、亚克力等，能够使家具在视觉上产生"消失"的效果，从而增强轻巧感。此外，轻质材料如铝合金、塑料等，不仅重量轻，便于搬运和移动，而且在视觉上能给人以轻巧的印象。同时，细长的构件在视觉上具有延伸感，能够削弱家具的厚重感，使家具显得更加轻盈、通透，因此在设计中可适当运用细长的桌腿、椅腿、拉手等构件来增强家具的轻巧感。

3. 稳定与轻巧的平衡设计

在实际设计中，要平衡稳定与轻巧的关系并非易事。一方面，不能为了追求轻巧感而忽视了家具的稳定性，导致家具在使用过程中出现安全隐患；另一方面，也不能单纯强调稳定性而使家具显得过于笨重，缺乏美感和活力。设计师需要综合考虑家具的功能、使用环境、用户需求等因素，在确保家具稳定性的前提下，巧妙地运用各种设计手法来营造轻巧感，使家具既稳固可靠又美观大方，从而实现稳定与轻巧的完美融合，创造出既实用又具有艺术感的家具作品，见图 5-37。

图 5-37
天鹅椅
（设计者：安恩·雅各布森）

5.2.6　模拟与仿生

模拟与仿生是家具设计中一种极具创意和表现力的设计手法。它是指设计师通过观察自然界中的生物形态、结构、功能以及生态现象等，从中汲取灵感，并运用到家具的造型、构造以及功能实现等方面。这种设计法则的意义在于，它能够打破传统家具设计的固有思维模式，为家具赋予独特的自然美感、趣味性以及情感共鸣，同时可能在功能上借助仿生结构实现更优化、更贴合人体需求的效果，使家具不仅是满足生活需求的物品，更是一件富有艺术感染力的作品，让使用者身处室内空间时也能感受到大自然的魅力与灵动。

1. 形态模拟与仿生

（1）植物形态的模拟：植物的形态丰富多样，为家具设计提供了无尽的灵感源泉。例如，Masanori Umeda 设计的百合椅（图 5-38），其内部结构采用坚固的钢骨架，手工塑造并填充聚氨酯泡沫。外部涂有柔软的天鹅绒，造型如同一朵大百合花，舒适而美丽。再如，艾罗·沙里宁设计的郁金香椅（图 5-39），采用了塑料和铝两种材料，以宽大而扁平的圆形底座作为支撑，从下至上均以流线型为主，整个形体既有郁金香的优雅浪漫，又有座椅功能的实用舒适。

图 5-38（左）
百合椅
（设计者：梅田正德）

图 5-39（右）
郁金香椅
（设计者：艾罗·沙里宁）

（2）动物形态的模拟：动物的外形特征同样常常被运用到家具设计中。尤其是模仿蝴蝶造型的，可谓桌椅板凳样样都有，有的模仿造型图案，有的模仿姿态；有的具象，有的抽象。图 5-40 所示的凳子设计成蝴蝶展开的翅膀形状，两侧翅膀微微上扬，富有动感。还有模仿蜗牛壳形状的座椅、蚂蚁椅、小马驹椅等，甚至还有仿人体的椅子，见图 5-41，由汉斯·瓦格纳设计的侍从椅，来源于朋友抱怨总是无法让次日要穿的衣服保持平整。它的靠背似优雅的侍从随时提供挂衣服务，座面可以折过来悬挂裤子。

2. 结构模拟与仿生

（1）生物骨骼结构的仿生：自然界中生物的骨骼结构往往具有出色的力学性能和稳定性。例如，蜂巢结构以规则的六边形排列，在保证材料用量最少的情况下实现了最大的空间利用和结构强度。在家具设计中，可借鉴蜂巢结构来设计一些储物格或搁板单元，如在

图 5-40（左）
蝴蝶凳

图 5-41（右）
侍从椅
（设计者：汉斯·瓦
格纳）

书柜、衣柜的内部构造中采用类似蜂巢的六边形格子布局，既能增加储物空间的灵活性，又能使整个结构更加稳固，不易变形，见图 5-42。另外，像鸟类骨骼中空且有合理的加强筋结构，一些家具的腿部或框架结构可以模拟这种特点，采用中空但带有强化支撑的设计，在减轻家具自重的同时，保证其具备足够的承重能力，满足人们日常使用需求。

图 5-42
蜂巢书架与"豌豆
公主"椅

（2）植物茎杆结构的仿生：植物的茎杆在支撑植物体生长以及应对外界压力方面有独特的结构智慧。比如，竹子茎杆呈现出节节高升的形态，内部是中空且有横向的隔膜加强结构。在家具设计中，经常有模仿竹子的茎杆结构来制作的作品，有的将腿部设计成中空且带有间隔加固的形式，外观上还可以模仿竹子的纹理，不仅使家具看起来更具自然韵味，而且这种结构在保证强度的基础上，能够让家具更为轻便灵活，同时在视觉上给人挺拔、修长的美感。

3. 功能模拟与仿生

（1）生物自适应功能的仿生：部分生物具有根据环境变化自适应调节自身状态的能力，这一特性能被应用到家具设计中。例如，有些植物的叶片会根据光照、温度等环境因素自动开合，借鉴这一功能，设计师可以打造出能够自动调节角度或开合程度的遮阳板家具。例如，户外的躺椅设计，其靠背部分可以模拟植物叶片的自适应机制，通过传感器感知阳光照射角度和强度，自动调整靠背的倾斜角度，以达到最佳的遮阳和舒适躺卧效果，为使用者提供更加人性化的体验。

（2）动物运动功能的仿生：动物的运动方式和机理也能启发家具的功能性设计。有些模仿人体关节活动的可折叠家具，其连接处采用类似人体关节的灵活结构，能够实现多角度的折叠和伸展，像可折叠的餐桌，桌腿与桌面的连接部位模拟关节运动，在需要使用时可以将桌腿展开，使餐桌稳固站立，不用时则可以轻松折叠收纳，节省空间，方便生活。例如，Designarium 公司的创意设计总监斯特凡·莱塞设计的飞鱼椅（图 5-43），在造型上非常优雅，曲线流畅简洁，原木的感觉更多了一份自然美。它不仅仅仿生了一只鱼，如果将它折成不同的角度，就可以看到不一样的鱼，这只大眼睛，宽尾巴的，是金鱼，是鲫鱼，还是草鱼？当然，还有鲸鱼急速破水而出的感觉。这把椅子如同水中的鱼儿一样灵活多变。

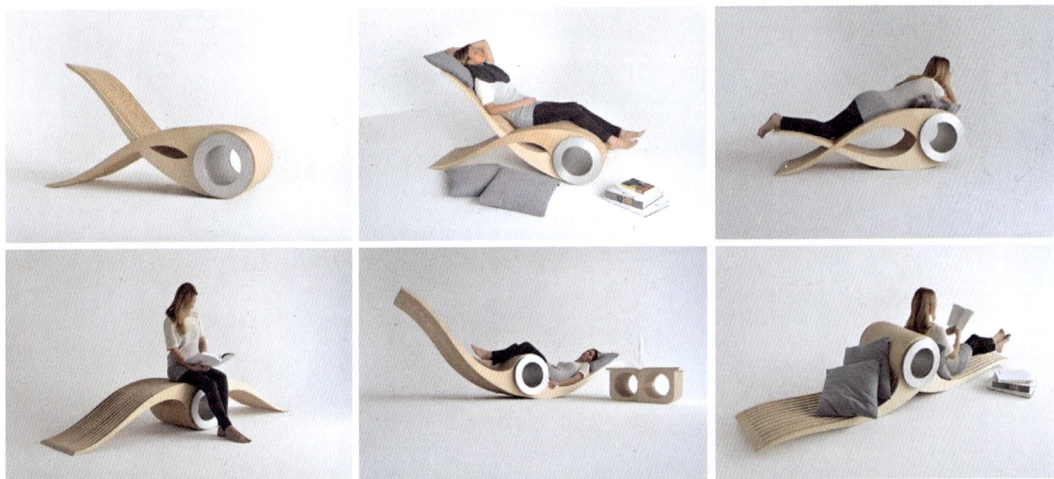

图 5-43
飞鱼椅
（设计者：斯特凡·莱塞）

5.3　AIGC 在家具造型设计中的应用

在传统的家具设计过程中，设计师们往往需要花费大量的时间和精力进行创意构思、草图绘制、模型制作和细节打磨。从最初的概念草图到最终的产品呈现，每一个环节都需要设计师的精心雕琢和反复推敲。AIGC 技术以高效、智能、创新的特点，为家具设计师们带来了全新的设计思路和方法，也为家具行业的发展注入了新的活力。

5.3.1　辅助创意构思与灵感激发

1. 拓展风格边界

在家具造型设计中，风格的把握与创新是关键一环。AIGC 凭借强大的学习能力和对海量数据的分析，能够跨越传统风格的固有界限，为设计师提供丰富多样的风格融合思路。例如，它可以将极具未来感的科幻风格与复古的巴洛克风格相融合，生成造型独特的沙发设计方案（图 5-44）。沙发的主体框架可能运用巴洛克风格中复杂的曲线雕刻元素，而在材质质感和细节装饰上则呈现出科幻风格里的金属光泽、光影流动效果以及智能化的交互模块样式，这种前所未有的风格碰撞为家具造型带来了全新的视觉感受，激发设计师大胆探索不同风格结合的可能性，打破以往常规的设计定式，开拓创意的边界。

图 5-44
通义万相生成的沙发

2. 提供多样化造型元素

设计师在构思家具造型时，常常需要大量新颖的造型元素来丰富设计内容。AIGC 能够根据不同的设计主题要求，快速生成各式各样的元素组合。比如，在设计一款儿童床时，它可以生成诸如童话城堡形状的床头、云朵造型的床尾、带有卡通角色形象的床柱等独特元素，这些元素或抽象或具象，从几何形状到仿生形态应有尽有。设计师可以从中筛选、提炼，将合适的元素融入自己的设计中，或者依据这些元素进一步衍生出更多个性化的造型创意，从而使儿童床的设计更具趣味性和吸引力，满足孩子们对于梦幻睡眠空间的想象。

3. 模拟不同场景下的造型演变

AIGC 还可以模拟家具在不同使用场景下的造型变化，以此启发设计师的灵感。例如，设计一把户外休闲椅，并展示在植物园、动物园、沙漠、海边等不同户外环境场景中椅子的理想造型变化，能够看出有融合一定的场景特征。例如，植物园中的休闲椅借鉴植物的形态，将椅背设计成树叶舒展的形状，线条流畅自然；动物园中的休闲椅有孔雀开屏的靠背和蟒蛇蜿蜒的形式；考虑沙漠的特殊环境，椅子造型注重简洁、实用且具有防风沙功能，椅背设计成倾斜的坡面，类似沙丘的形状，既能为使用者提供良好的支持，又能减少风沙的正面冲击，还具有风沙吹过的装饰；海边的休闲椅则结合海洋元素，将椅子设计成贝壳的形状，椅背和椅面形成流畅的贝壳弧线，给人一种优美、浪漫的感觉，见图 5-45。

图 5-45
休闲椅在不同环境下的造型融合设计

5.3.2　高效生成设计方案与草图绘制

1. 快速输出多套设计初稿

时间成本在家具造型设计项目中至关重要，尤其是在项目初期需要快速确定多个可行的设计方向时。AIGC 能够在极短的时间内，依据设计师输入的家具类型（是沙发、餐桌还是衣柜等）、风格偏好（现代简约、中式古典、工业风等）、功能需求（是否具备储物功能、可调节性等）以及尺寸范围等关键信息，批量生成多套设计初稿。例如，当设计师要设计一款现代简约风格的客厅组合沙发时，只需向 AIGC 工具提供大致的坐深、坐宽、总长以及对靠背高度、扶手样式等的基本要求，它就能在几分钟内输出五六套不同造型的沙发设计方案，有的可能是以直线条为主、低靠背的简约造型，有的则是带有一定弧度、模块组合式的设计，能为设计师后续的筛选和深化提供丰富的素材基础，极大地提高了设计前期的工作效率。

2. 精准绘制草图细节

在草图绘制阶段，AIGC 同样表现出色。它不仅能生成整体的家具造型轮廓，还能对细节进行精准呈现。以一款书桌的设计为例（图 5-46），设计师在脑海中有了大致的书桌框架造型后，利用 AIGC 可以进一步细化书桌抽屉的拉手造型、桌腿与桌面的连接结构细节、桌面边缘的装饰线条等。这些细节在传统手绘草图时可能需要花费大量时间去反复琢

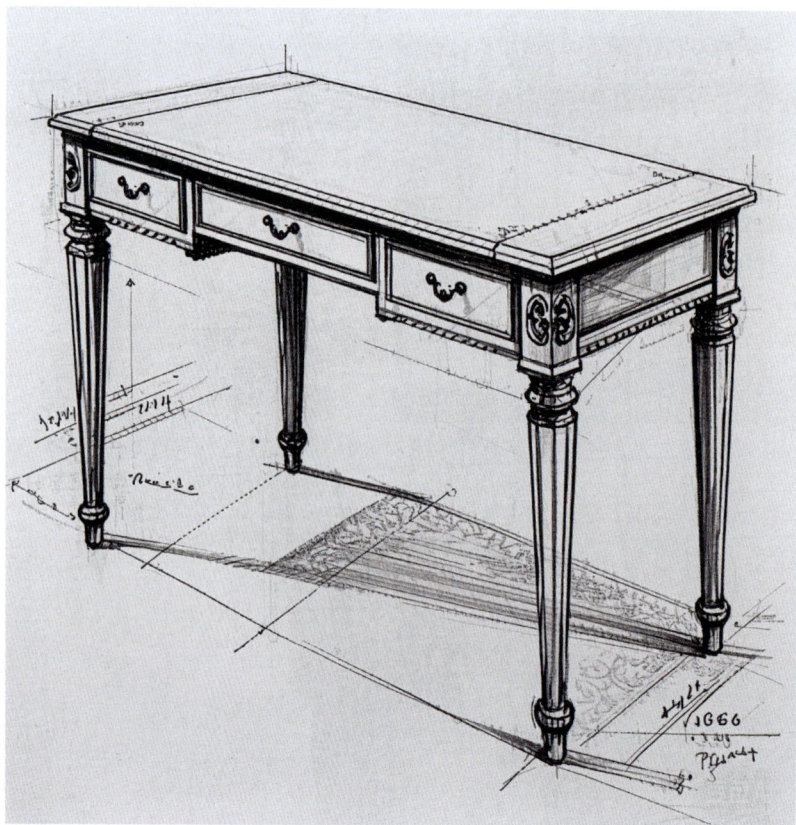

图 5-46
书桌草图

磨和描绘，而 AIGC 通过对大量相似家具细节设计案例的学习，能够快速给出合理且美观的细节表现形式，比如生成带有精致雕花的复古拉手、榫卯结构样式的桌腿连接细节或者是简约流畅的斜边桌面边缘等，让设计师可以更加直观地评估设计方案的可行性和完善程度，减少后续修改调整的工作量。

5.3.3　优化造型设计与人体工程学考量

1. 基于人体工程学的造型调整

人体工程学是家具造型设计中确保使用舒适性和健康性的重要依据。AIGC 可以结合人体工程学数据，对家具造型进行优化调整。例如，在设计办公椅时，它会参考人体坐姿时的脊柱曲线、手臂自然放置角度、腿部支撑位置等关键人体工程学参数，生成合理的椅背高度、倾斜角度，扶手的高度、宽度以及座面的深度、倾斜度等造型细节。同时，AIGC 还能根据不同身高、体型范围的用户群体，模拟生成多种对应的座椅造型，确保能满足更广泛人群的舒适使用需求。对于床这类家具，AIGC 也能依据人体平躺、侧卧等不同睡姿下的身体受力情况，调整床头、床尾以及床垫的造型和软硬度分布，使床的整体造型在保证视觉美观的同时，最大程度上保障使用者的睡眠质量和身体舒适度。

2. 功能拓展与创新造型

家具的功能性不断发展和拓展也是当下设计的趋势之一。AIGC 能够协助设计师在保证造型美观的基础上，创新性地融入更多实用功能。比如，在设计衣柜时，除了传统的衣物收纳功能，它可以根据现代生活需求，生成带有智能衣物分类系统、自动除湿防霉装置、隐藏式的可伸缩挂衣杆等新功能的衣柜造型方案。这些新增功能会促使衣柜在外观造型上做出相应改变，如设置智能操作面板的位置、为除湿装置预留通风口造型、合理规划可伸缩挂衣杆的收纳空间布局等，使衣柜在满足更多功能需求的同时，造型更具科技感和现代感，提升产品在市场上的竞争力，见图 5-47。

5.3.4　助力材质与色彩搭配选择

1. 材质模拟与搭配建议

不同的材质会赋予家具截然不同的质感和视觉效果，在选择合适的材质并进行搭配时，AIGC 能发挥重要作用。它可以模拟出各种常见以及新型材质应用在家具上的效果，例如，将实木、金属、皮革、织物等不同材质分别应用在餐桌椅上的视觉呈现，从纹理、光泽到触感等方面进行逼真的模拟展示。同时，AIGC 还能依据家具的风格和使用场景，给出材质搭配的合理建议。例如，对于中式风格的茶室家具，它可能推荐以实木为主材质，搭配部分具有传统中式纹理的织物坐垫和靠垫，营造出古朴典雅的氛围；而对于现代工业风的客厅家具，则建议采用金属框架搭配皮革或粗纹理的织物面料，凸显硬朗又不失舒适的风格特点，帮助设计师精准地把握材质搭配这一影响家具整体品质的关键环节。

图 5-47
通义万相生成的智能衣柜

2. 色彩搭配方案生成

色彩在家具造型设计中同样起决定性作用，能够影响家具的视觉吸引力和空间氛围营造。AIGC 能够依据色彩理论以及流行趋势，为家具生成多样化的色彩搭配方案。比如，在设计一款卧室的成套家具时，它可以根据卧室整体的采光情况、空间大小以及客户的喜好风格，生成以暖色调为主的温馨柔和色彩搭配，或是以冷色调为主的清新宁静色彩搭配。并且，它还能展示不同色彩搭配在不同光线下的视觉变化效果，让设计师清晰地了解每种色彩方案在实际使用环境中的表现，从而做出更贴合需求的色彩搭配选择，使家具造型通过色彩的巧妙运用更好地融入空间环境，提升整体的美感和协调性，见图 5-48。

5.3.5　推动个性化定制与市场适应

1. 满足个性化定制需求

随着消费者对家具个性化需求的日益增长，AIGC 为实现个性化定制家具造型提供了有力支持。它可以根据客户提供的具体要求，如独特的图案喜好、特定的文化元素融入、个性化的功能需求等，生成独一无二的家具造型方案。例如，有客户希望自己定制的书架能根据书的分类而进行不同的分区，如历史古籍、科学、人文、动漫等，AIGC 就能将这些元素巧妙地与书架的整体造型相结合，设计出既满足客户个性化期望又保证结构合理、美观大方的书架样式，满足不同客户对于家具造型的独特审美和情感寄托需求，拓宽家具定制服务的市场空间，见图 5-49。

图 5-48
通义万相生成的床及卧室
设计

图 5-49
通义万相生成的个性化定
制书架

2. 适应市场趋势变化

市场的审美和需求趋势处于不断变化之中，家具造型设计需要紧跟潮流才能保持竞争力。AIGC 通过对大量市场反馈数据、时尚潮流资讯以及消费热点的分析学习，能够及时生成符合当下流行趋势的家具造型方案。比如，当简约风、环保风、智能家居风等流行趋势兴起时，它可以迅速调整设计输出，在家具造型上体现出简约流畅的线条、可回收环保材料的运用以及智能化交互功能的融入等特点，帮助家具企业快速推出顺应市场潮流的产品，提高市场占有率，增强企业在激烈市场竞争中的应变能力。

总之，AIGC 在家具造型设计的多个环节都展现出了巨大的应用价值，从创意构思到方案生成，从功能优化到市场适应，它正逐渐成为设计师不可或缺的有力助手，推动家具造型设计行业不断向前发展，迈向更加创新、高效、个性化的新征程。

思考与练习

（1）AIGC 技术如何帮助设计师更好地进行家具造型设计？请结合实际案例说明 AIGC 技术如何通过创意构思、草图生成和功能优化来提升设计效率和创新性。

（2）假设你正在设计一款现代简约风格的家具，如何利用 AIGC 技术优化造型设计？请分析 AIGC 技术如何帮助你快速生成符合现代简约风格的设计概念，例如通过创意构思和草图生成。

（3）在使用 AIGC 技术时，如何确保生成的设计内容符合造型设计的基本要求？请结合本章内容，讨论如何通过 AIGC 技术优化设计流程，确保设计的家具既符合美学原则，又具有创新性和市场竞争力。

第6章

家具设计程序与方法

6.1 家具设计传统程序与方法

6.1.1 设计准备阶段

设计准备阶段是家具设计的起点，也是整个设计过程中至关重要的一环。在这个阶段，需要对项目进行全面的分析和定位，收集和整理相关资料，为后续的设计工作奠定坚实的基础，见图6-1。

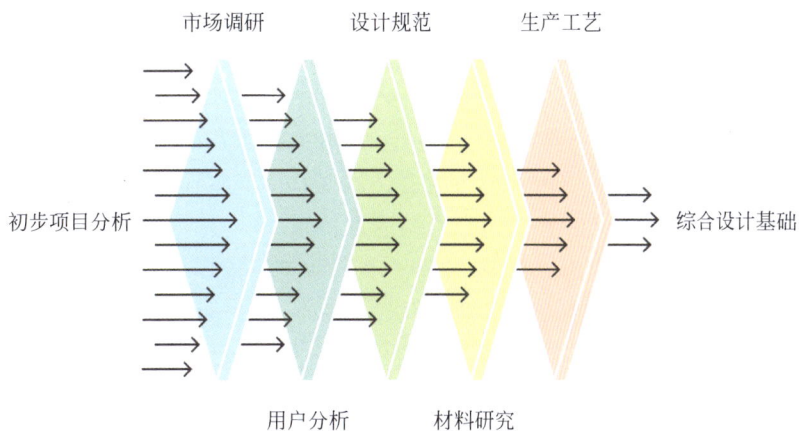

图 6-1
设计准备阶段

1. 项目分析与定位

市场调研是项目分析与定位的核心手段，需要通过多种方法对各方面情况进行剖析，常用的方法有问卷调查、访谈、焦点小组、大数据分析等。问卷调查能够广泛收集大量数据，了解消费者对于家具的坐感偏好、风格喜好、价格接受范围等信息。访谈则更具针对性，与家具经销商、室内设计师以及潜在消费者面对面交流，挖掘深层次需求和痛点。焦点小组可以召集不同背景的消费者共同讨论，激发思维碰撞。大数据分析则从海量的网络消费数据、行业报告中梳理出目标市场的规模变化趋势、各品牌的市场占有率等宏观信息。

通过对目标市场的细致研究，分析其规模是处于稳步增长、饱和还是萎缩阶段，以及增长趋势背后的驱动因素。同时，聚焦于消费需求特点，了解消费者对于家具功能、审美等方面不断变化的期望，清晰把握竞争态势，知晓竞争对手产品的优势与劣势所在。

用户群体特征研究同样不容忽视。年龄、性别、职业和收入等因素影响购买决策和使用需求。年轻人可能更倾向于时尚、多功能且富有创意的家具，而老年人则更看重家具的舒适性与操作便捷性。女性可能对家具的外观细节、色彩搭配更为敏感，男性则更关注结构稳固性与功能性。高收入的商务人士可能追求高品质、具有独特设计感的家具，普通上班族或许更注重性价比。生活方式也是关键因素，热爱户外运动的人可能需要便于收纳户外装备的家具，而经常在家办公的人则期望办公家具符合人体工程学，长时间使用时不会感到太累。

2. 资料收集与整理

家具设计需要丰富且全面的资料支撑。

相关设计规范方面，国家标准规定了家具的尺寸安全范围、环保指标等基本要求，例如规定了儿童家具的边角需做圆润处理，防止儿童磕碰受伤；行业标准则细化到不同类型家具的工艺标准、质量验收规范等；国际标准能让设计师了解全球范围内的先进理念与通用准则，便于产品走向国际市场。

材料性能数据对于合理选材至关重要。各类材料（如木材），其物理化学性能决定了它的强度、防潮性等特点，不同木材的加工工艺参数有别，像红木加工难度相对较大但成品美观耐用，且环保指标也影响材料是否符合当下绿色健康的消费理念。塑料材料的可塑性、耐腐蚀性以及老化特性等都是需要掌握的性能参数。

生产工艺资料关乎设计方案能否顺利落地生产。了解不同家具制造工艺的流程，比如实木家具的开料、干燥、榫卯拼接、打磨上漆等各环节，清楚所需设备情况，板式家具生产需要数控开料机、封边机等设备，同时掌握成本构成以及质量控制的关键节点，有助于在设计阶段就考虑生产的可行性与成本控制。

历史文化资料犹如一座宝库，不同时期、地域的家具设计风格演变承载了深厚的文化内涵与独特的审美情趣。中式传统家具的榫卯结构传承千年，蕴含古人的智慧与精湛工艺，明清家具的风格各有千秋，明代家具造型简约、线条流畅，清代家具则装饰华丽、雕刻精美；欧式古典家具在不同国家也各具特色，法国宫廷家具尽显奢华，意大利家具注重艺术与工艺相结合，这些都能为现代设计提供灵感源泉。

市场趋势资料能让设计紧跟时代步伐。关注最新的家具设计潮流，例如当下流行的工业风、北欧风等，以及技术创新如 3D 打印在家具制造中的应用、新材料的涌现，还有消费热点如智能家居家具的兴起等。

运用文献研究，查阅专业书籍、学术论文获取权威知识；通过网络搜索能快速找到大量的产品案例、行业资讯；实地考察家具工厂、卖场、展会等，直观感受生产过程、产品实际效果以及市场反馈；向资深的家具设计师、材料专家等请教，以获取专业的建议。然后对收集到的资料进行系统分类，比如按照设计规范、材料、工艺、文化、趋势等类别整理，深入分析提取有价值的信息，例如从历史文化资料中提炼出经典的造型元素，融入现代设计方案构思中。

6.1.2　方案设计阶段

方案设计阶段是家具设计的核心环节，设计师需要运用多种创意思维方法，结合前期的资料收集和项目分析，进行概念构思和草图绘制，最终形成初步的设计方案，见图 6-2。

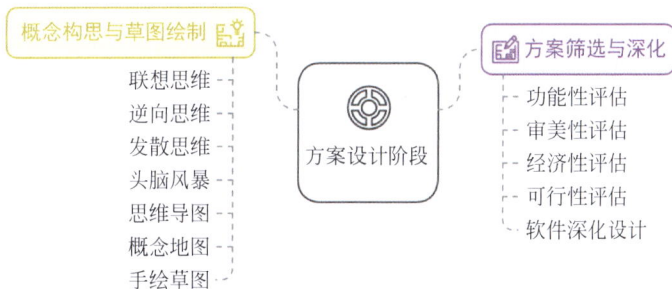

图 6-2
方案设计阶段

1. 概念构思与草图绘制

创意思维方法是激发设计灵感的关键。联想思维通过观察和思考，将不同领域的元素进行联想，拓展设计思路。逆向思维打破常规，从反方向思考问题。发散思维从一个核心点出发，朝多个方向探寻可能性。头脑风暴组织设计师团队或与相关人员一起，围绕设计主题畅所欲言，激发团队成员的创造力。思维导图以设计主题为核心，向外延伸出多个分支，如功能需求分支、造型风格分支、材料选择分支等，帮助设计师清晰地梳理思路。概念地图更注重概念之间的逻辑关系与层级关系，直观呈现设计构思的整体架构。

手绘草图是将抽象概念具象化的重要手段。运用不同线条类型来表现家具，直线勾勒出硬朗、简洁的外形，曲线赋予家具柔和、优雅的气质，折线体现出独特的节奏感与动态感。通过线条粗细变化突出主次关系，线条疏密营造不同效果。设计师通过快速草图绘制尝试不同的造型组合，探索功能布局，调整比例尺度关系。例如，绘制不同长宽高比例的沙发草图，对比哪种设计更符合视觉美感与人体工程学要求。通过实际设计项目的草图案例，如一款多功能书房家具的设计，从最初简单的将书桌、书架、收纳柜组合的概念构思，到通过多轮草图绘制不断优化各部分的比例、造型以及连接方式，完整呈现从概念构思到草图绘制的全过程与关键要点，培养设计师的创新思维与手绘表达能力。

2. 方案筛选与深化

方案筛选一般是从设计产品的功能性、审美性、经济性、可行性等角度进行评估权衡。功能性评估检查设计方案是否切实满足用户的使用需求。审美性评估判断设计方案是否符合形式美法则，如对称与均衡、比例与尺度、韵律与节奏等。经济性评估确保设计方案在预算范围内，分析所选材料的成本、生产工艺的成本等是否合理。可行性评估考虑设计方案能否在现有生产技术与工艺条件下实现。

方案深化，一般是借助 3d Max、Rhino 等设计软件进行方案的细节、比例尺度、材质等方面的深化设计。在 3d Max 中，从基础几何体搭建开始塑造家具的三维造型，逐步细化到复杂造型塑造，完善家具的造型细节，精准设计结构，合理配置功能。例如，在衣柜内部准确划分出不同大小的收纳空间，设置挂衣杆、抽屉等；细致选择材料，通过软件赋予模型相应的材质，模拟真实的材料质感，展现设计方案的完整面貌。通过对比筛选前后的设计方案，如一款沙发设计，筛选前草图只是简单勾勒了外形和大致功能，筛选后经过3D 建模深化，呈现出了符合人体工程学的座面曲线、精致的扶手造型以及搭配合理的材质效果，清晰说明方案筛选与深化的标准、方法与实际操作过程，培养设计师的方案评估与深化设计能力。

6.1.3　设计表现阶段

设计表现阶段是将设计方案以直观、生动的方式呈现出来，帮助客户和相关利益者更好地理解和评估设计成果。在这个阶段，设计师需要运用专业绘图软件绘制效果图，制作模型，展示设计方案的外观形态、色彩质感、空间关系和光影效果等关键信息，见图 6-3。

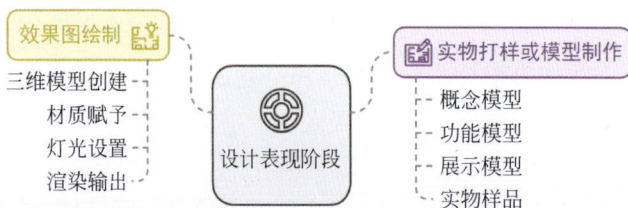

图 6-3
设计表现阶段

1. 效果图绘制

三维模型创建从基础几何体搭建起步，通过调整尺寸、位置等参数构建出大致的外形，然后利用软件的编辑功能进行复杂造型塑造。材质赋予选择合适的材质类型，模拟出真实材料的质感。灯光设置运用不同类型灯光，如点光源模拟台灯、吊灯等的照明效果，平行光展现家具在自然光照下的整体外观，聚光灯聚焦在特定区域，强调家具的重点部位。渲染输出选择合适的渲染引擎，根据需求设置渲染参数，获得高质量的渲染图像，准确传达设计意图。

实际效果图案例中，绘制现代简约风格的客厅组合沙发效果图，创建模型时精心塑造出沙发的座面、靠背、扶手的流畅曲线，赋予其皮革材质并调整光泽度、纹理等参数使其逼真，设置好灯光，模拟出客厅温馨的光线环境，经过渲染输出得到的效果图清晰呈现出沙发的整体造型、质感以及与周围空间的搭配效果。在实际操作中，会遇到处理皮革材质反射与折射时如何把握真实度、营造光影氛围时如何避免灯光过于生硬等难点和注意事项，通过不断实践培养绘制效果图的能力。

2. 实物打样或模型制作

实物打样或模型制作是家具设计流程中不可或缺的环节，它将设计从虚拟概念转化为可触摸、可体验的实体形式，为设计验证、功能测试和客户展示提供重要依据。模型制作的目的是通过实物的形式直观呈现设计的外观、比例、功能和质感，帮助设计师、客户及相关利益者更好地理解设计意图，及时发现并解决潜在问题。模型的类型多样，包括概念模型、功能模型和展示模型，各有特定的用途和制作要求。概念模型主要用于快速表达设计创意和整体造型，材料简单，制作快速；功能模型则注重验证家具的使用功能，材料和工艺更接近实际产品；展示模型则强调外观的逼真度和细节处理，用于向客户展示最终设计效果。在制作过程中，设计师需要根据设计阶段和设计目标选择合适的材料和工艺，确保模型能够准确反映设计意图。

在实物打样阶段，模型制作的精度和工艺要求更高，通常需要使用与实际生产相同的材料和工艺，以验证设计在生产中的可行性和成本控制。这一阶段的实物样品不仅是设计验证的工具，更是生产前的最终参考。通过实物打样，设计师可以进一步优化设计细节，确保产品的功能、外观和质量符合预期。同时，实物样品也为市场推广和用户反馈提供了实物依据，帮助设计团队及时调整方向，降低生产风险。

6.1.4　设计验证阶段

设计验证阶段是确保设计方案能够落地生产的关键环节，通过对设计方案进行技术可行性分析和用户测试与反馈，提前发现潜在问题，保证设计质量，见图 6-4。

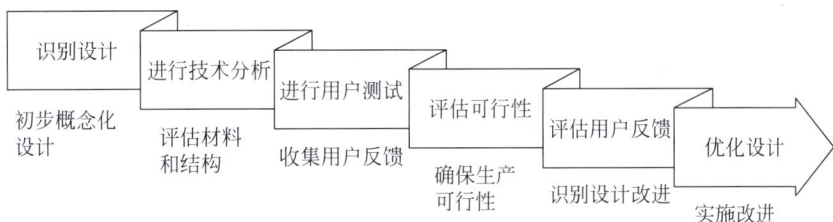

图 6-4
设计验证阶段

1. 技术可行性分析

分析所选材料的加工性能至关重要，因为不同的材料有不同的特性。例如，木材的可切削性，有的软木（如松木）切削相对容易，而硬木（如紫檀）加工难度较大，但硬木制成的家具往往更坚固美观；可成型性方面，木材可以通过弯曲、拼接等工艺成型，不过对工艺要求较高，在制作弧形的木质家具部件时需要特殊的蒸煮、弯曲工艺。塑料材料的可焊接性、可注塑成型性等决定了它能否通过相应工艺加工成所需的形状，金属材料的可锻造性、可焊接性等也影响其加工方式与最终效果。

结构的力学强度是保障家具安全使用的核心要素，需要分析其抗压强度，像衣柜的隔板要能承受放置衣物的重量而不变形；抗弯强度，例如椅子的腿在承受人体重量时不会弯曲折断；抗扭强度，对于一些有活动部件或者异形结构的家具，要确保其在受到扭转力时依然稳固。

生产工艺的复杂程度也不容忽视，要考察工艺流程的长短，若一个家具的生产需要经过十几道复杂工序，那不仅生产效率会受影响，成本也会增加；设备要求的高低，比如一些高精度的数控加工设备虽然能提升加工精度，但购置成本和维护成本都很高；操作难度的大小，若工艺过于复杂，对工人的操作技能要求过高，不利于大规模生产。

装配过程的难易程度同样关键，设计的家具如果各部件之间的连接方式复杂，需要特殊的装配工具或者装配过程烦琐，在实际生产中就可能导致装配效率低下，甚至出现装配错误等问题。

2. 用户测试与反馈

组织用户对设计方案进行测试是了解设计是否符合实际需求的重要途径。确定测试用户群体，选择具有代表性的目标用户。通过用户测试既可以直观地了解设计是否符合实际需求，又能发现潜在问题并予以解决。

6.2　AIGC 重塑家具设计流程

传统的家具设计流程，从需求分析、概念设计、详细设计到设计评估与验证，往往面临诸多挑战，如需求理解不够精准、创意灵感有限、设计过程烦琐、各环节协同性不足等。而 AIGC 技术的崛起，为解决这些问题提供了全新的思路和强大的工具，可以贯穿家具设计的整个流程，从精准的需求分析、激发无限创意的概念设计，到实现精细化与优化的详细设计，再到高效的设计评估与验证，以及推动各方紧密协作的智能化协同，AIGC 技术全面重塑了传统的家具设计流程。

6.2.1　需求分析阶段

需求分析是家具设计的起点，其准确性直接关系到后续设计工作的方向和质量。在传统模式下，获取消费者需求的方式较为有限，主要依赖问卷调查、访谈等手段，这些方法不仅耗时费力，而且收集到的信息往往不够全面和深入。AIGC 技术的应用，使需求分析发生了革命性的变化，起到隐性需求的显性化桥梁作用，借助大数据分析和自然语言处理技术，能够更精准地理解消费者的多样化需求，见图6-5和图6-6。

1. 多源数据收集与整合

在互联网时代，消费者会在网络上留下海量的行为数据，这些数据成为洞察消费者需求的宝贵资源。AIGC系统能够广泛收集消费者在互联网上的多源信息，包括但不限于电子商务平台的购买历史、搜索记录、产品评价，社交媒体平台上关于家具的讨论、分享和点赞，家居设计论坛中的用户提问与交流，以及在线调研平台上的问卷反馈等。通过整合这些来自不同渠道的数据，AIGC构建起一个全面、丰富的消费者行为数据库。

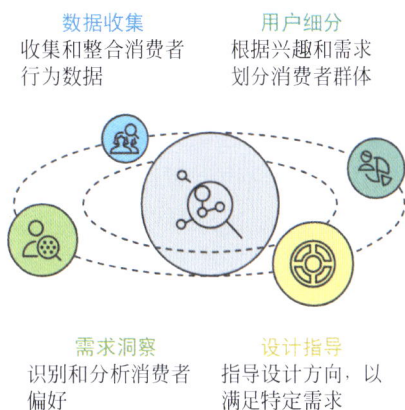

数据收集
收集和整合消费者
行为数据

用户细分
根据兴趣和需求
划分消费者群体

需求洞察
识别和分析消费者
偏好

设计指导
指导设计方向，以
满足特定需求

图6-5
家具设计需求分析阶段

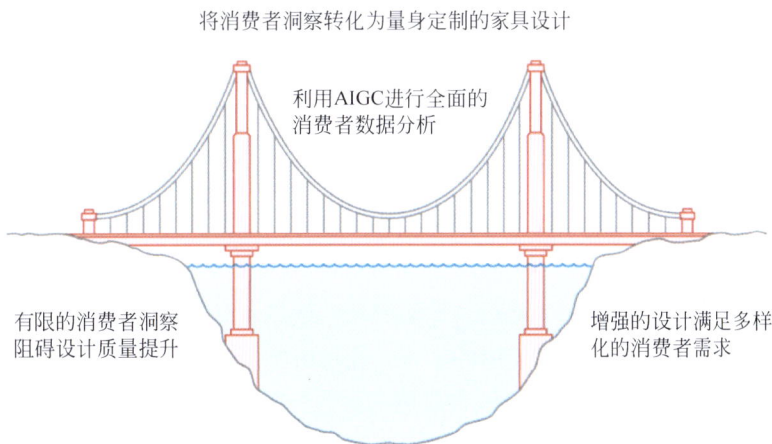

将消费者洞察转化为量身定制的家具设计

利用AIGC进行全面的
消费者数据分析

有限的消费者洞察
阻碍设计质量提升

增强的设计满足多样
化的消费者需求

图6-6
AIGC赋能需求分析阶段

以电子商务平台数据为例，AIGC可以分析消费者购买家具的品类、品牌、价格区间、购买频率等信息，了解消费者的消费偏好和购买能力。通过分析搜索记录，能够发现消费者正在关注的家具类型和功能，比如频繁搜索"可折叠沙发"的消费者，表明其对具有便携收纳功能沙发有需求。社交媒体平台上的用户讨论则蕴含消费者对家具的情感态度和潜在需求。AIGC通过自然语言处理技术，对用户发布的文本内容进行情感分析，判断消费者对某种家具风格、材质或功能的喜爱或不满。例如，在社交媒体上，大量用户表达了对实木家具环保特性的认可，同时也提到实木家具存在容易开裂的问题，这就为家具设计师在选择实木材料及工艺改进方面提供了重要线索。

2. 构建用户画像与需求洞察

基于收集到的多源数据，AIGC运用大数据分析技术构建详细的用户画像。用户画像不仅仅是简单的人口统计学特征描述，还包括消费者的兴趣爱好、生活方式、消费心理以及对家具的具体需求偏好等多个维度的信息。通过对用户行为数据的深度挖掘和聚类分析，AIGC 能够将消费者划分为不同的细分群体，每个群体都具有独特的需求特征。

　　例如，通过数据分析，AIGC 可能发现年轻的城市白领群体由于居住空间有限且生活节奏快，对简约时尚且具有多功能收纳空间的家具需求较高。这类消费者注重家具的设计感和实用性，追求个性化的表达，愿意为具有创新功能和独特设计的家具支付相对较高的价格。而一些老年消费者群体，则更倾向于传统风格的家具，对家具的舒适性、稳定性和操作便捷性有较高要求，在材质选择上偏好天然、环保的材料。

　　除对消费者群体进行细分外，AIGC 还能洞察消费者对家具在风格、功能、材质、色彩以及使用场景等方面的具体偏好。在风格方面，AIGC 可以通过分析消费者在社交媒体上的图片分享、家居杂志的浏览记录等，识别出不同消费者对现代简约、欧式古典、中式传统等风格的喜爱程度。对于功能需求，AIGC 能够从用户的产品评价和在线讨论中提取出他们对家具功能的期望，如智能照明、无线充电、可调节高度等功能的需求趋势。在材质和色彩偏好上，AIGC 通过分析消费者对不同材质和色彩家具的搜索热度、购买行为以及评论反馈，了解消费者的喜好倾向。例如，发现某地区消费者对具有地域文化特色的竹材家具和暖色调家具更为青睐，这可能与该地区的自然环境、文化传统以及气候条件有关。

3. 需求分析对设计方向的指引

　　精准的需求洞察为设计师提供了明确的设计方向，帮助他们避免设计的盲目性。设计师在接到设计任务后，可以借助 AIGC 生成的用户画像和需求分析报告，深入了解目标消费者的需求特点，从而有针对性地开展设计工作。

　　对于针对年轻白领群体设计的家具，设计师可以围绕简约时尚的风格，融入创新的多功能收纳设计。在造型上，运用简洁的线条和几何形状，打造具有现代感的外观；在功能上，设计可折叠、可变形的结构，增加收纳空间，满足年轻消费者对空间利用的需求。同时，选择环保、轻便且具有质感的材料，如新型复合材料或再生木材，搭配流行的色彩，如简约的黑白灰色、清新的浅木色等，以符合年轻消费者的审美和环保理念。

　　而针对老年消费者设计的家具，设计师则着重关注舒适性和稳定性。在设计椅子时，根据老年人的身体尺寸和坐姿习惯，合理调整座面高度、深度和角度，增加腰部和背部的支撑，确保长时间坐感舒适。在材质选择上，优先选用天然、环保且触感舒适的材料，如实木、天然织物等。在操作设计上，简化家具的功能和操作方式，采用大尺寸的把手、清晰的标识等，方便老年人使用。

6.2.2　概念设计阶段

　　概念设计是家具设计中最关键的环节之一，其核心在于激发创意灵感，为后续的设计工作奠定基础。在传统设计模式下，设计师的创意灵感主要来源于个人经验、艺术素养以及对市场的观察，灵感来源相对有限，且容易受到思维定式的束缚。AIGC 技术的应用，为概念设计带来了前所未有的创意源泉，极大地拓展了设计师的创意边界，见图 6-7。

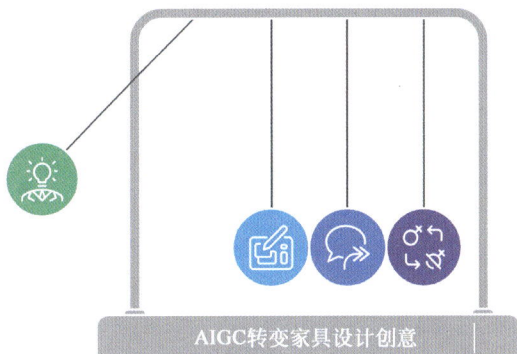

图 6-7
AIGC 赋能概念设计阶段

| AIGC技术 | 快速概念生成 | 增强设计师互动 | 拓宽创意视野 |
| 扩展创意可能性 | 生成多样化的设计草图 | 激发创意反馈循环 | 融合多样的文化风格 |

1. 海量设计概念快速生成

AIGC 系统基于对大量设计作品、历史文化资料、艺术风格以及现代创新理念的深度学习，具备了快速生成海量设计概念草图的能力。它能够融合各种风格元素、历史文化符号以及现代创新理念，为设计师提供多样化的创意方案。

AIGC 在生成设计概念时，并非简单地对已有设计进行拼凑，而是通过深度学习算法对数据进行分析和理解，从而创造出全新的设计概念。例如，AIGC 可以将不同历史时期的家具风格进行融合创新，将中世纪欧洲家具的复古元素与现代简约风格相结合，创造出既具有历史韵味又符合现代审美的全新家具风格。同时，AIGC 还能将不同领域的设计理念引入家具设计中，如将建筑设计中的空间利用理念、工业设计中的人机交互理念等融入家具设计中，赋予家具新的功能和形态。

2. 人机互动激发创意

设计师与 AIGC 系统之间的互动为创意激发提供了新的模式。设计师可以向 AIGC 系统输入自己的初步想法、关键词或设计要求，系统则根据这些输入内容迅速生成相应的设计概念草图。这种人机互动的方式，不仅能够快速获取创意方案，还能激发设计师的灵感，引导设计师从不同角度思考设计问题。

例如，当设计师想要设计一款现代风格的客厅沙发时，向 AIGC 系统输入"现代风格、舒适、多功能"等关键词，系统会在短时间内生成包含不同造型、材质组合、色彩搭配的沙发设计草图。这些草图可能包括具有简洁线条和几何形状的造型，搭配柔软舒适的坐垫和靠背；也可能设计有可调节的扶手、可隐藏的收纳空间等多功能元素；在材质选择上，可能采用皮革、织物与金属、木材等不同材质的组合，展现出不同的质感和风格。设计师通过浏览这些草图获取灵感，并对感兴趣的方案进行进一步的改进和完善。

在互动过程中，设计师还可以对 AIGC 生成的草图提出反馈意见，如调整造型、改变材质、优化功能等。AIGC 系统根据设计师的反馈，对草图进行实时修改和优化，生成新的设计方案。这种反复的人机互动过程，能够不断挖掘设计师的创意潜力，推动设计概念的不断完善和创新。

3. 拓展创意边界

AIGC 技术打破了传统设计模式下灵感来源有限的局限，为设计师提供了更加广阔的创意空间。它能够帮助设计师突破思维定式，发现一些传统设计方法难以触及的创意方向。

在风格融合方面，AIGC 可以将看似不相关的风格元素进行巧妙融合，创造出独特的设计风格。除前面提到的将复古风格与现代简约风格融合外，AIGC 还可以将东方文化与西方文化的设计元素相结合，如将中国传统的榫卯结构与北欧简约风格的造型相结合，打造出具有独特文化魅力的家具。在功能创新方面，AIGC 可以根据对未来生活方式和科技发展趋势的预测，为家具设计提供创新性的功能概念。例如，随着智能家居技术的发展，AIGC 可能提出将智能感应、自动调节、语音控制等功能融入家具设计的创意，使家具更加智能化和人性化。

AIGC 还能从自然、艺术、科技等多个领域获取灵感，为家具设计带来全新的视角。比如，从自然界中汲取灵感，模仿生物的形态、结构和功能进行家具设计，像模仿蜂巢结构设计具有高强度和轻量化特点的储物家具；从艺术作品中获取灵感，将绘画、雕塑等艺术形式的表现手法应用于家具设计中，创造出具有艺术感的家具作品。

6.2.3　详细设计阶段

详细设计阶段是将概念设计转化为具体、可行的设计方案的关键阶段，需要对家具的结构、材质、表面处理等进行精细化设计和优化。AIGC 技术在这一阶段运用深度学习算法和计算机辅助设计（CAD）技术，为家具设计的精细化和优化提供了强大的支持，见图 6-8。

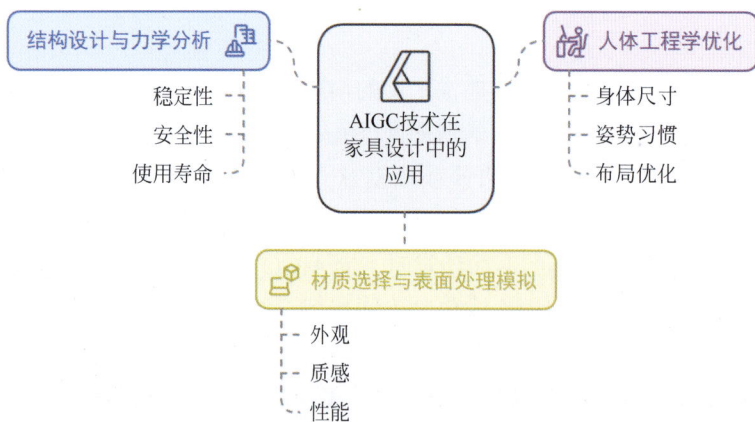

图 6-8
AIGC 赋能详细设计阶段

1. 结构设计与力学分析

家具的结构设计直接关系到其稳定性、安全性和使用寿命。AIGC 通过对家具结构力学知识的学习，能够对家具的结构进行模拟分析，确保设计的合理性和安全性。

在结构设计方面，AIGC 可以根据家具的功能需求和造型要求，生成多种结构设计方案。例如，对于一款需要承受较大重量的餐桌，AIGC 可以设计不同形状和尺寸的桌腿结构，并通过模拟分析比较不同结构在承受同样压力时的力学性能，选择最优的结构方案。AIGC 还能考虑家具的组装方式和便捷性，设计出易于组装和拆卸的结构，方便运输和安装。

在力学分析方面，AIGC 运用有限元分析等技术，对家具的结构强度、稳定性进行模拟计算。它将家具的三维模型离散化为多个有限单元，通过计算每个单元在不同载荷条件下的应力、应变等参数，预测家具在实际使用过程中的力学性能。例如，在设计一款实木椅子时，AIGC 可以模拟人体坐在椅子上时，椅子各部位所承受的压力大小和应力分布情况，判断椅子的结构是否能够承受这些力而不发生变形或损坏。如果模拟结果显示某些部位存在应力集中的问题，AIGC 会自动提出优化建议，如增加支撑部件、改变连接方式、调整材料厚度等，以提高椅子的结构强度和稳定性。

2. 人体工程学优化

人体工程学是家具设计中不可忽视的重要因素，它关注人与家具之间的交互关系，旨在设计出符合人体生理和心理需求的家具，提高使用者的舒适度和健康水平。AIGC 在人体工程学优化方面发挥了重要作用。

AIGC 通过对人体工程学数据的学习，能够根据不同人群的身体尺寸、姿势和动作习惯，对家具的尺寸、形状和布局进行优化设计。例如，在设计办公椅时，AIGC 会参考人体在坐姿时的脊柱曲线、手臂自然放置角度、腿部支撑位置等关键人体工程学参数，确定合理的椅背高度、倾斜角度，扶手的高度、宽度以及座面的深度、倾斜度等造型细节。同时，AIGC 还能根据不同身高、体型的用户群体，模拟生成与之对应的座椅造型，确保能满足更广泛人群的舒适使用需求。

AIGC 还可以通过模拟用户在使用家具过程中的行为和动作，评估家具的人体工程学性能。例如，在设计一款厨房橱柜时，AIGC 可以模拟用户在厨房中进行烹饪、取放物品等操作时的身体姿势和动作范围，判断橱柜的高度、抽屉和柜门的位置是否便于用户的操作。如果发现某些设计不利于用户的操作，AIGC 会提出相应的优化建议，如调整橱柜的高度、改变抽屉和柜门的开启方式等，以提高家具的人体工程学性能。

3. 材质选择与表面处理模拟

在家具设计中，材质的选择和表面处理方式直接影响家具的外观、质感、性能和使用寿命。AIGC 能够根据设计要求和性能指标，为设计师提供精准的材质选择建议，并模拟出不同材质在家具表面呈现的效果。

AIGC 系统拥有庞大的材质数据库，其中包含各种常见材质和新型材质的物理、化学、力学性能参数，以及它们的外观特点、加工工艺和成本信息等。设计师在选择材质时，可以向 AIGC 输入家具的设计要求，如风格、功能、预算等，AIGC 根据这些要求从材质数据库中筛选出最适合的材质，并提供相应的材质特性和应用案例。例如，对于一款需要体现高端质感的现代简约风格沙发，AIGC 可能推荐使用优质的真皮材质，搭配金属框架，真皮的柔软质感和金属的光泽能够很好地体现现代简约风格的高端品质。

除材质选择外，AIGC 还能模拟不同材质在家具表面的处理效果，如纹理、光泽度、色彩等。通过虚拟现实技术，设计师可以直观地看到不同材质和表面处理方式在家具上的呈现效果，从而更好地做出选择和决策。例如，在设计一款木质茶几时，设计师可以通过AIGC 模拟不同木材的纹理和颜色，以及不同的表面处理方式，如抛光、哑光、涂漆等，对茶几外观的影响。这有助于设计师实现理想的视觉和触觉效果，提升家具的整体品质。

6.2.4　设计评估与验证阶段

设计评估与验证是确保家具设计方案可行性和市场接受度的重要环节。传统的设计评估方式往往依赖实物模型制作和用户测试，成本高、周期长。AIGC 技术的应用，为设计评估和验证提供了更加高效、准确的方法，通过虚拟仿真和用户反馈数据分析，能够提前评估设计方案的可行性和市场接受度，及时发现问题并予以解决，见图6-9。

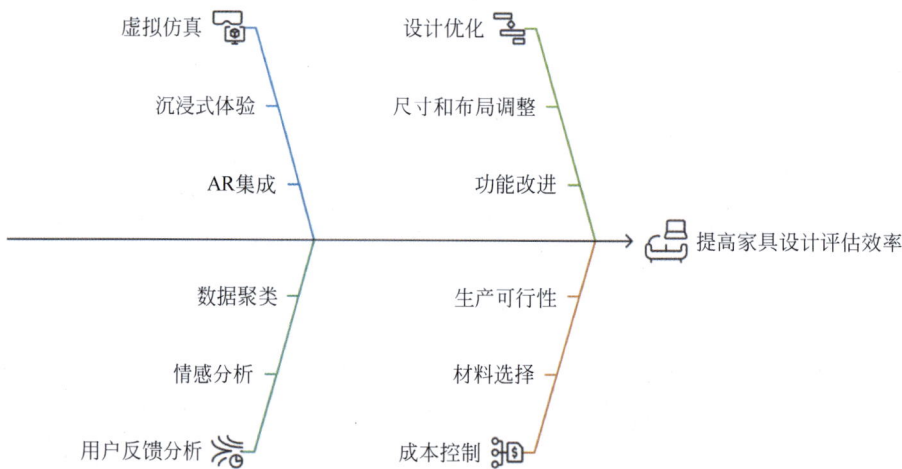

图 6-9
AIGC 赋能设计评估与验证阶段

1. 虚拟仿真与沉浸式体验

利用虚拟现实（VR）和增强现实（AR）技术，AIGC 可以创建逼真的家具展示环境，让设计师和用户能够身临其境地感受家具在不同空间场景中的实际效果。这种虚拟仿真技术为设计评估提供了更加直观、真实的方式，有助于及时发现设计中存在的问题。

在 VR 环境中，设计师和用户可以全方位地观察家具的外观、尺寸和比例，感受家具与周围环境的协调性。他们可以自由地在虚拟空间中移动，从不同角度观察家具的细节，如材质纹理、色彩搭配等。例如，在设计一款客厅家具组合时，设计师可以将沙发、茶几、电视柜等家具模型放入虚拟的客厅场景中，用户戴上 VR 设备后，仿佛置身于真实的客厅中，可以直观地感受家具的布局是否合理，家具与墙面、地板的颜色搭配是否协调，以及家具的尺寸是否适合空间大小。通过这种沉浸式的体验，设计师和用户能够发现一些在平面图纸或三维模型中难以察觉的问题，如家具之间的空间间隔过小，影响通行；家具的颜色与整体环境不匹配，视觉效果不佳等。

AR 技术则可以将虚拟的家具模型叠加到现实场景中，让用户在真实的空间中看到家具的摆放效果。用户只需通过手机或平板电脑等设备，打开 AR 应用程序，扫描现实空间，就可以将设计的家具模型置于其中，实时观察家具与现实环境的融合效果。这种方式方便快捷，用户可以在自己的家中或实际使用场景中进行体验，能够获得更加真实的反馈意见。

2. 用户反馈数据分析

除虚拟仿真外，AIGC 还可以收集用户对虚拟展示家具的反馈意见，并通过情感分析等技术手段，深入了解用户对设计的喜好程度和改进建议。

在虚拟展示过程中，AIGC 可以设置互动环节，让用户对家具的设计进行评价和反馈。用户可以通过文字、语音或手势等方式表达自己的意见，如对家具的外观、功能、舒适度等方面进行评价，以及对设计的改进建议。AIGC 利用自然语言处理技术和情感分析算法，对用户的反馈进行分析和解读，判断用户的情感倾向，提取出关键的反馈信息。

例如，如果用户反馈"这款沙发的颜色很漂亮，但坐起来不够舒服"，AIGC 可以通过情感分析判断出用户对沙发颜色的喜爱和对舒适度的不满，并提取出"舒适度"这一关键反馈信息。通过对大量用户反馈数据的分析，AIGC 可以发现设计方案中存在的共性问题和用户的潜在需求，为设计优化提供有力的依据。

AIGC 还可以对用户的反馈数据进行聚类分析，将用户按照不同的需求和偏好进行分类，针对不同的用户群体制定个性化的设计优化方案。例如，根据用户反馈，将用户分为注重外观设计的群体、注重功能实用性的群体和注重舒适度的群体等，针对不同群体的需求，对设计方案进行有针对性的改进，提高设计方案的市场接受度。

3. 基于评估的设计优化

基于虚拟仿真和用户反馈数据分析的结果，AIGC 能够为设计师提供具体的设计优化建议，帮助设计师对设计方案进行改进和完善。

如果虚拟仿真显示家具在空间适配性方面存在问题，如家具尺寸过大或过小，导致空间拥挤或不协调，AIGC 会建议设计师调整家具的尺寸和布局。AIGC 还可以通过模拟不同的布局方案，为设计师提供参考，帮助设计师找到最佳的空间利用方式。

对于用户反馈中提到的关于家具功能、舒适度或外观等方面的问题，AIGC 会利用自身强大的算法和知识储备，给出相应的优化策略。比如，用户反馈沙发坐感不够舒适，AIGC 可能建议调整坐垫和靠背的材质、厚度、软硬度，或者改变其内部结构，如增加弹簧的数量或调整弹簧的弹性系数，以提升沙发的舒适度。若用户对家具的外观提出改进意见，如认为某款衣柜的柜门造型过于单调，AIGC 可以基于对流行设计元素和风格趋势的分析，为设计师提供一些新颖的柜门造型方案，如融入几何图案、采用不对称设计、添加独特的拉手等，以增强衣柜的视觉吸引力。

AIGC 还能从成本控制和生产可行性的角度出发，为设计优化提供建议。在材质选择上，如果原设计方案中选用的某种材料成本过高，AIGC 可以根据对材料市场的了解，推荐一些性能相近但成本更低的替代材料。同时，考虑到生产工艺的复杂性，如果某些设计细节在实际生产过程中可能会遇到困难，AIGC 会提醒设计师简化设计，或者提供一些更易于生产制造的工艺方法，确保设计方案不仅在创意和用户体验上表现出色，还能够利用现有生产条件高效、低成本地实现。

设计师根据 AIGC 提供的优化建议,对设计方案进行调整和完善后,可再次利用虚拟仿真和收集用户反馈的方式,对优化后的方案进行新一轮的评估。如此循环迭代,直到设计方案在功能、美观、舒适度、成本等多个方面都达到较为理想的状态。这种基于 AIGC 的设计评估与优化流程,相较于传统方式,大大缩短了设计周期,降低了设计成本,提高了设计的成功率和市场竞争力。

6.2.5 智能化协同阶段

AIGC 技术的应用不仅改变了家具设计流程中的各个环节,更重要的是,它促使家具设计从传统的线性模式转变为更加灵活、迭代的智能化协同过程,极大地加强了设计师、工程师、市场营销人员以及消费者之间的协作,使各方实时共享信息、交流想法,共同推动设计方案的完善和优化,见图 6-10。

AIGC驱动的家具设计协作

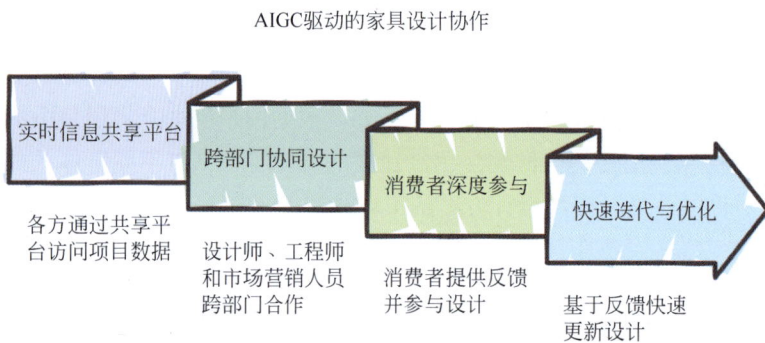

| 实时信息共享平台 | 跨部门协同设计 | 消费者深度参与 | 快速迭代与优化 |
| 各方通过共享平台访问项目数据 | 设计师、工程师和市场营销人员跨部门合作 | 消费者提供反馈并参与设计 | 基于反馈快速更新设计 |

图 6-10
AIGC 赋能智能化协同阶段

1. 实时信息共享平台

AIGC 搭建起了一个实时信息共享平台,各方人员可以在这个平台上同步获取和更新与设计项目相关的各类信息。设计师上传初步设计方案、草图以及设计思路后,工程师能够第一时间了解设计的整体框架和功能需求,从而从工程角度出发,对结构设计、材料选用等方面提出专业意见。市场营销人员也能依据这些信息,结合市场调研数据和消费者需求趋势,评估设计方案的市场潜力,并反馈市场信息,如目标客户群体的喜好变化、竞争对手产品的优势与劣势等。消费者同样可以通过特定的入口查看这个平台上的设计方案,并发表自己的看法和建议,这些反馈会实时呈现在平台上,供设计师和其他相关人员参考。

例如,在一个智能办公家具设计项目中,设计师将一款可升降办公桌的设计草图上传至平台。工程师通过平台查看草图后,发现桌腿的结构设计在实现升降功能时可能存在稳定性问题,于是立即在平台上留言,提出需要加强桌腿结构强度的建议,并附上了一些初步的力学分析数据。市场营销人员则根据市场调研数据反馈,指出当前市场上的消费者更倾向于简洁且具有收纳功能的办公家具,建议在设计中增加一些隐藏式的收纳空间。消费者在平台上参与讨论时,表示希望办公桌的操作更加便捷,最好能实现一键升降。设计师收到各方反馈的信息后,迅速整合这些信息,对设计方案进行有针对性的调整。

2. 跨部门协同设计

借助 AIGC 技术，设计师、工程师和市场营销人员能够打破部门之间的壁垒，进行跨部门协同设计。在设计过程中，各方可以围绕 AIGC 生成的设计方案和数据，共同探讨、共同决策，避免了传统设计流程中由于信息传递不畅、沟通不及时导致的设计冲突和重复工作。

在家具结构设计方面，设计师与工程师紧密合作。设计师提出家具的外观造型和功能需求，工程师则运用 AIGC 的力学分析功能，对设计方案进行结构强度和稳定性模拟。双方通过实时沟通和协作，确保设计既满足美观和功能要求，又具备良好的结构性能。比如，在设计一款大型会议桌时，设计师希望采用独特的造型，但工程师通过 AIGC 模拟发现该造型可能导致桌面在承受较大压力时出现变形。双方经过多次讨论，利用 AIGC 尝试不同的结构改进方案，最终在保证造型美观的前提下，通过增加内部支撑结构和优化材料分布，解决了结构稳定性问题。

市场营销人员在协同设计中也发挥了重要作用。他们基于对市场和消费者的了解，为设计方向提供指导。在产品定位阶段，市场营销人员与设计师共同确定家具的目标客户群体和市场定位，确保设计符合市场需求。在设计过程中，市场营销人员根据市场反馈和流行趋势，为设计师提供色彩、材质、功能等方面的建议。例如，当市场上环保材料成为热点时，市场营销人员及时提醒设计师在选材上考虑更多环保材料的应用，以提升产品的市场竞争力。

3. 消费者深度参与

消费者不再是家具设计的被动接受者，AIGC 技术使消费者能够深度参与到设计过程中，实现真正的个性化定制。消费者可以在线上平台中输入自己对家具的个性化需求，如风格偏好、尺寸要求、功能期望、预算范围等信息。AIGC 根据这些输入，生成初步的个性化设计方案，并通过虚拟仿真技术展示给消费者。消费者可以对方案进行实时反馈和修改，与设计师进行互动交流，共同完善设计。

例如，一位消费者想要定制一款卧室衣柜。他在 AIGC 平台上输入自己喜欢的简约现代风格、卧室的空间尺寸以及对收纳功能的具体需求，如需要大量的挂衣空间和几个用于存放小件物品的抽屉。AIGC 迅速生成几款符合要求的衣柜设计方案，并通过 VR 技术让消费者沉浸式体验衣柜在卧室中的效果。消费者对其中一款方案的柜门样式不太满意，通过平台提出修改意见，设计师根据消费者的反馈，利用 AIGC 对柜门进行重新设计，并再次展示给消费者。经过几次沟通和修改，最终确定了令消费者满意的设计方案。这种消费者深度参与的设计模式，不仅能够满足消费者个性化的需求，还能增强消费者对产品的认同感和满意度。

4. 快速迭代与优化

AIGC 推动的智能化协同设计模式实现了从需求到设计再到市场反馈的快速循环迭代。各方人员在协同设计过程中不断提出意见和建议，AIGC 根据这些反馈信息迅速生成新的设计方案，设计师对方案进行优化后再次接受评估和反馈，如此反复迭代，使设计方案能够快速适应市场变化和消费者需求。

在传统设计模式下，一个家具设计项目从概念提出到产品上市，往往需要经历较长的周期。而在 AIGC 赋能的智能化协同设计模式下，由于信息传递的高效性和各方的紧密协作，设计方案的迭代速度大大加快。例如，在市场调研中发现某一地区的消费者对某种新的家居风格表现出浓厚兴趣，市场营销人员将这一信息反馈给设计团队。设计师借助 AIGC 迅速调整设计方案，融入新的风格元素，并通过虚拟仿真展示给消费者和其他相关人员。在短时间内收集各方反馈信息后，再次优化设计方案。通过这种快速迭代的方式，家具企业能够更快地推出符合市场需求的产品，抢占市场先机。

总之，通过 AIGC，家具设计师能够更深入、准确地洞察消费者需求，突破创意瓶颈，实现设计的精细化和优化，提前预判设计方案的可行性和市场接受度，并与各方人员进行高效协同，实现设计方案的快速迭代。这不仅提高了家具设计的效率和质量，降低了设计成本和风险，还能够更好地满足消费者日益多样化和个性化的需求，提升产品的市场竞争力。

同时，我们也应认识到，AIGC 技术虽然强大，但它并不能完全取代设计师的创造力和专业知识。设计师在家具设计中仍然扮演至关重要的角色，他们的审美能力、文化素养、对生活的理解以及与消费者沟通的能力，是 AIGC 无法替代的。在未来的家具设计中，人与 AIGC 将形成更加紧密的合作关系，共同推动家具设计行业朝着更加智能化、创新化和个性化的方向发展，为人们创造出更多兼具美感、实用性和创新性的家具产品。

6.3　案例项目实践

6.3.1　"宙斯"软床

1. 项目背景与需求分析

本次软床设计是深圳本元设计工作室承接的来自佛山一家专注设计师渠道与外贸业务的家具企业委托。本元设计工作室的设计理念是"设计本来的样子，不过度设计"，为国内多个知名家具品牌成功研发了多个产品系列，并保持长期黏性合作。该企业是其长期合作伙伴，在家具行业耕耘多年，期望借助独特设计提升产品竞争力，开拓国内外市场，尤其是针对追求高品质睡眠体验、注重家居美学的消费群体。凭借本元设计工作室的专业设计能力，融合品牌理念与市场需求，打造创新软床产品。

目标市场需求：目标消费群体主要是中青年人士，他们对睡眠品质要求较高，注重产品舒适性与健康性；追求简约素朴家居风格，青睐具有独特设计与美学价值的软床。

品牌与渠道需求：企业通过设计师渠道推广产品，需软床设计满足设计师对创新性、艺术性要求，助力其打造个性化空间方案。外贸业务则要求产品符合国际审美趋势与质量标准，适应不同国家和地区市场需求。

功能与品质需求：软床需具备良好支撑性、透气性，使用环保材料，确保舒适与健康。在结构设计上追求稳固耐用，便于运输与安装，满足外贸物流需求。

2. 设计过程与 AIGC 应用

1）需求分析阶段

首先通过 AIGC 系统广泛收集消费者多源信息，并进行整合与梳理，消费者基本信息见图 6-11。基于上述多源数据进行用户画像构建与需求洞察，发现目标消费者主要分为两类：一类是年轻的城市上班族，他们的居住空间相对紧凑，追求简约时尚的生活方式，注重家具的设计感和实用性，对软床的需求是外观简洁大方、颜色淡雅，如米白色、浅灰色等，材质要环保且具有质感，同时希望软床能有一些巧妙的收纳设计，以节省空间；另一类是有一定经济实力的中年消费者，他们更关注生活品质和舒适度，偏好高品质的材质，如真皮、高档绒布等，对软床的舒适度要求极高，包括床垫的支撑性、床头靠垫的柔软度和贴合度等，在风格上倾向于经典且不过时的设计，见图 6-12。

图 6-11
消费者需求分析

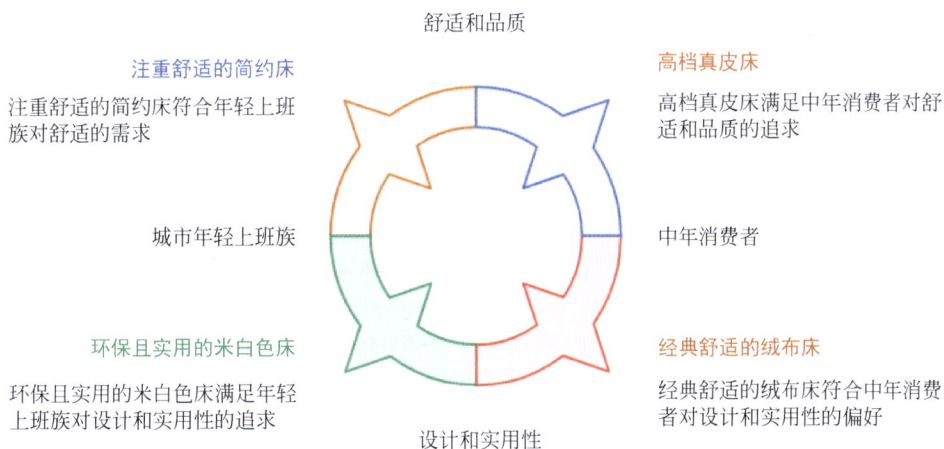

图 6-12
消费者偏好分类

其次用所获信息指导设计，见图 6-13。针对年轻上班族群体，设计师计划设计一款简约现代风格的软床。床体整体造型采用简洁的线条和柔和的曲线，避免过多复杂的装饰，材质选用浅米色的环保皮革，既符合简约风格又易于清洁打理。床头部分设计成带有一定弧度的造型，增加视觉上的柔和感，同时在床头内部设计隐藏式储物空间，可用于放置书

床垫选择
具有良好支持性和透气性的
中高端床垫

目标受众
针对年轻专业人士的设计

床头设计
带储物空间的弧形床头

设计风格
简约现代风格

材料
环保皮革

图 6-13
影响床设计的因素

籍、平板电脑等物品。床垫选择具有良好支撑性和透气性的中高端产品，以满足他们对舒适度和健康睡眠的需求。对于中年消费者群体，设计师则考虑打造一款豪华舒适型软床。床体框架采用实木材质，表面包裹高档绒布，颜色选用深灰色或棕色，彰显品质与稳重。床头靠垫填充高密度海绵，表面采用柔软的真皮材质，确保靠坐时体验舒适。床垫选用顶级的乳胶床垫，提供极佳的支撑和贴合度，让消费者能享受高品质的睡眠。

2）概念设计阶段

使用 Midjourney 基于对大量家具设计作品、历史文化资料以及现代创新理念的深度学习，尝试很多种描述方法和关键词，为"宙斯"软床生成了多种设计概念草图。最后输入"A very comfortable bed, simple, feeling, creative, calm, no characters, realistic, white"，得到的设计初稿见图 6-14。

然后，选择右上角图进行垫图，多次生成，得到进一步设计方案，见图 6-15。与技术相关部门、客户销售部门等多次沟通，选择了四个设计方向，见图 6-16。

基于甲方指定的床屏材料——兔毛绒和指定搭配的床头柜，将第三个备选方案和第四个备选方案垫图到 Midjourney 中，进一步细化床屏材质和细节，得到最终方案，见图 6-17和图 6-18，实物图见图 6-19。

图 6-14
设计初稿

图 6-15
深化概念方案

图 6-16
备选方案

图 6-17
Midjourney 生成的最终方案效果图

图 6-18
搭配甲方要求的床头柜效果图

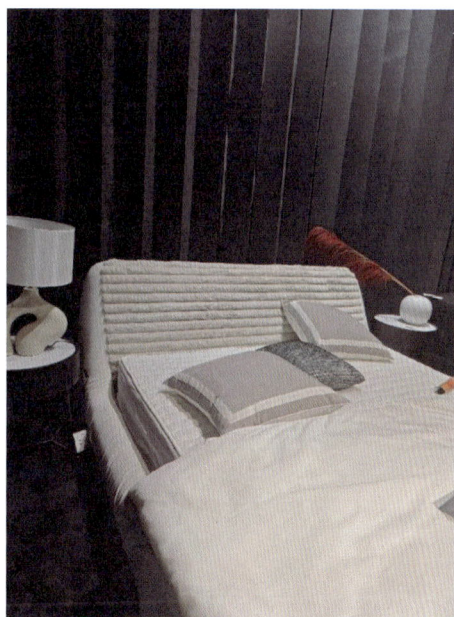

图 6-19
床的实物图

6.3.2 "普罗旺斯"电热毛巾架

在"普罗旺斯"电热毛巾架的设计过程中,AIGC 技术的应用可谓重塑了传统家具设计流程与创新模式,其设计过程充分展现了 AIGC 在满足市场需求、激发创意、优化设计及提升产品竞争力等方面的强大效能。

1. 项目启动:市场洞察与需求梳理

上海裕暖采暖设备有限公司在启动"普罗旺斯"电热毛巾架项目前,借助 AIGC 技术展开了全面深入的市场调研。AIGC 系统广泛收集并整合多源数据,涵盖电子商务平台的销售数据、用户评价,社交媒体上关于家居产品的讨论热点,以及行业报告中的市场趋势分析等信息。通过对这些数据的深度挖掘,公司精准把握了电热毛巾架的市场现状与消费者需求走向,见图 6-20。

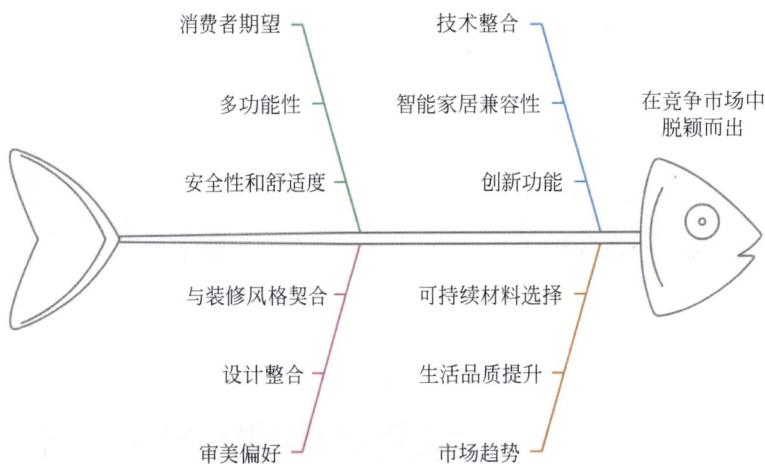

图 6-20
市场需求洞察

从市场趋势来看,随着消费者生活品质的提升,对家居产品的功能多样性、美观性和智能化程度要求日益增高。电热毛巾架不再仅仅是烘干毛巾的工具,更成为追求高品质生活的消费者提升浴室体验的重要选择。在功能方面,除了基本的快速烘干功能,消费者期望产品具备恒温控制、定时设置等功能,以满足不同使用场景和个性化需求。例如,部分消费者希望能根据季节和毛巾数量灵活调整烘干温度与时间,避免能源浪费。

在审美偏好上,简约时尚、富有设计感的外观更受青睐。消费者倾向于选择能与各类浴室装修风格契合的产品,使电热毛巾架成为浴室空间的装饰亮点。例如,现代简约风格的浴室需要线条简洁、造型优雅的电热毛巾架;而欧式风格的浴室则更适合带有复古元素或精致雕花的款式。

同时,AIGC 通过构建用户画像,对目标消费群体进行了细致划分。年轻消费者注重产品的创新性和个性化,追求独特的设计与便捷的智能操作,愿意为具有科技感和时尚外观的产品支付较高价格。他们希望电热毛巾架能与智能家居系统联动,实现远程控制。而中老年消费者则更看重产品的实用性、安全性和舒适度,对操作的便捷性和产品的质量可靠性要求较高,在材质选择上更倾向于天然、环保且质感舒适的材料。

基于 AIGC 的分析结果，上海裕暖采暖设备有限公司明确了"普罗旺斯"电热毛巾架的设计方向：打造一款集多功能、时尚外观、智能化于一体，且能满足不同消费者需求的创新产品，在竞争激烈的市场中脱颖而出。

2. 创意激发：AIGC 助力概念生成

在概念设计阶段，AIGC 是激发创意的核心驱动力。公司设计师借助 Midjourney 等工具，输入与电热毛巾架相关的关键词，如"普罗旺斯风格""高效烘干""智能控制""时尚外观""安全节能"等，Midjourney 基于对海量设计作品、艺术风格及文化元素的深度学习，迅速生成了大量风格各异的设计概念草图。

这些草图涵盖了从简约现代到复古等多种风格。有的设计借鉴了普罗旺斯地区建筑的拱门元素，将毛巾架的外形设计成优雅的拱形；有的仿鹿角形状，搭配柔和的曲线线条，营造出浪漫温馨的氛围，见图 6-21；有的似泉水汹涌，赋予毛巾架独特的视觉效果，见图 6-22。

图 6-21
"鹿角"

设计师从这些丰富的概念草图中筛选出具有潜力的方案，并与 AIGC 进行深度交互。针对一款以阶梯为灵感的设计草图，设计师提出增加智能感应功能的想法，AIGC 据此进一步优化设计，生成了带有触摸感应开关和湿度感应调节烘干功率的改进方案。在这个过程中，AIGC 不仅能提供创意灵感，还能根据设计师的反馈实时调整设计，不断拓展创意边界，为设计团队提供了全新的设计思路。

然后，将 AIGC 生成的多款产品通过网红直播在小红书、抖音等多个平台进行预售，根据客户点击、咨询、购买等多方面反馈确定了"普罗旺斯"电热毛巾架方案。采用简约流畅的线条，结合普罗旺斯地区的浪漫元素，打造一款外观时尚且功能强大的电热毛巾架。其主体结构设计为简洁的长方形，边角处采用圆润处理，避免磕碰，见图 6-23。

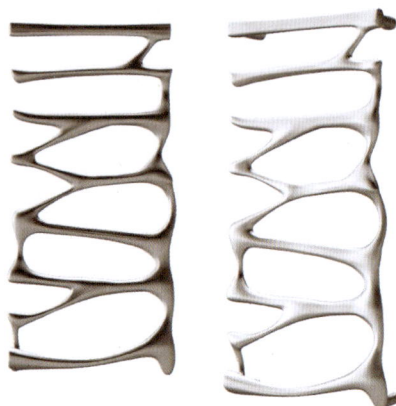

图 6-22（左）
"不老泉"

图 6-23（右）
Midjourney 生成的"普罗旺斯"电热毛巾架设计图

3. 深化设计：多维度优化与模拟验证

在详细设计阶段，AIGC 技术发挥了关键作用，对"普罗旺斯"电热毛巾架的结构、材质、功能等方面进行了精细化设计与优化，见图 6-24。

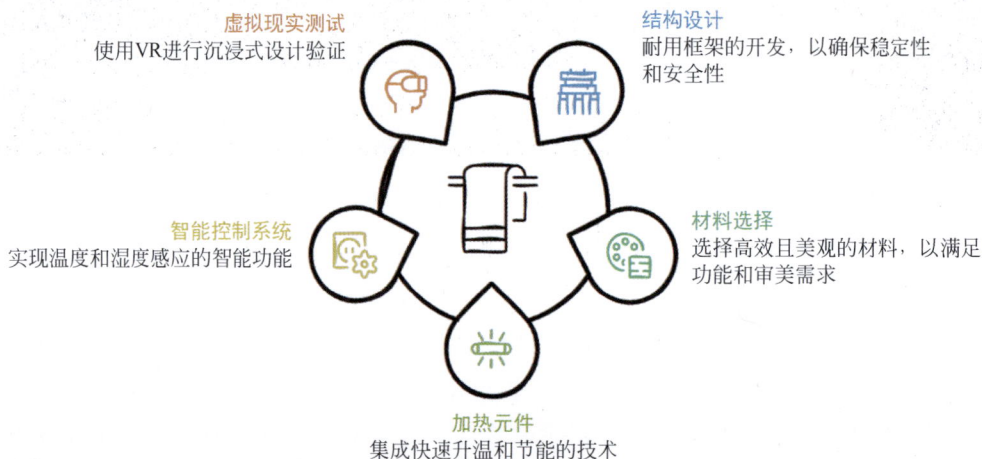

虚拟现实测试
使用VR进行沉浸式设计验证

结构设计
耐用框架的开发，以确保稳定性和安全性

智能控制系统
实现温度和湿度感应的智能功能

材料选择
选择高效且美观的材料，以满足功能和审美需求

加热元件
集成快速升温和节能的技术

图 6-24
深化设计阶段

在结构设计上，AIGC 运用力学分析功能，模拟不同结构在承载毛巾重量和日常使用中的受力情况。通过对多种结构方案的模拟比较，确定了一种采用 304 不锈钢材质的框架结构，这种结构不仅轻巧耐用，还能确保在长期使用过程中不变形、不摇晃，保障产品的稳定性和安全性。同时，AIGC 考虑到产品的安装便捷性，设计出了一套简单易操作的壁挂式安装系统，用户只需按照说明书操作即可轻松完成安装。

在材质选择方面，AIGC 根据产品的功能需求、审美要求和成本预算，从庞大的材质数据库中筛选出最合适的材料。加热元件选用了高效节能的碳纤维发热材料，具有升温快、热效率高、使用寿命长等优点，能快速烘干毛巾，同时降低能源消耗。表面涂层采用环保的纳米抗菌材料，不仅能有效防止细菌滋生，还具有良好的耐腐蚀性和易清洁性，保持产品的美观和卫生。对于与毛巾直接接触的部分，选用了柔软亲肤的硅胶材质，避免刮伤毛巾，提升使用体验。

为了提升产品的智能化水平，AIGC 助力设计团队开发了一套智能控制系统。该系统集成了温度感应、湿度感应、定时设置等功能。通过温度感应功能，电热毛巾架能根据环境温度自动调节加热功率，保持适宜的烘干温度；湿度感应功能则可根据毛巾的湿度自动调整烘干时间，避免过度烘干或烘干不足；用户还可以通过手机 App 远程控制实现定时设置，提前开启或关闭电热毛巾架，满足不同的使用场景需求。

在设计过程中，AIGC 利用虚拟现实（VR）和增强现实（AR）技术，对"普罗旺斯"电热毛巾架进行虚拟仿真和沉浸式体验测试。设计师和用户可以在虚拟环境中身临其境地感受产品的外观、尺寸、功能操作等，提前发现设计中可能存在的问题。例如，通过 VR 体验发现用户在操作智能控制面板时，部分图标不够清晰直观，设计团队据此对控制面板的界面进行了优化，提高了操作的便捷性。

4. 设计评估：虚拟验证与用户反馈

在设计评估与验证阶段，AIGC 技术为"普罗旺斯"电热毛巾架提供了高效准确的评估方法。通过虚拟仿真技术，对产品的性能、安全性和稳定性进行了全面测试。模拟不同的使用场景，如高温、潮湿环境下的长期使用，以及不同重量毛巾的悬挂测试，确保产品在各种条件下都能正常运行，满足设计要求。

同时，AIGC 收集用户对虚拟展示产品的反馈意见。通过在社交媒体、家居论坛等平台发布虚拟展示内容，邀请目标用户进行体验和评价，收集大量用户反馈数据。AIGC 利用自然语言处理技术和情感分析算法，对用户反馈信息进行深入分析，提取关键信息和用户需求。例如，部分用户反馈希望增加儿童锁功能，以确保使用安全；还有用户建议提供多种安装方式，以适应不同的浴室环境。

基于虚拟仿真和用户反馈数据分析结果，AIGC 为设计团队提供具体的优化建议。针对用户提出的儿童锁功能需求，AIGC 建议在智能控制系统中增加密码锁或触摸锁定功能，防止儿童误操作。对于安装方式的建议，AIGC 提供了多种改进方案，如设计可调节角度的壁挂支架，以及增加落地式安装配件等，以满足不同用户在不同环境中的需求。

设计团队根据 AIGC 的优化建议，对"普罗旺斯"电热毛巾架的设计方案进行调整和

产品成功
实现创新产品的市场认可和成功

持续反馈
收集用户反馈以持续改进产品

市场策略
市场营销人员分析数据以制定有效的
市场策略

精确生产
基于AIGC数据进行精准的生产计划
和质量控制

流程优化
使用AIGC模拟和优化生产流程

团队协作
设计、工程和生产团队之间实现有效
沟通和协作

图 6-25
生产落地阶段

完善。然后再次利用虚拟仿真和收集用户反馈的方式，对优化后的方案进行新一轮评估，确保改进后的设计方案在功能、美观、安全性等方面都达到更高的水平。

5. 生产落地：高效协同与持续优化

在"普罗旺斯"电热毛巾架的生产过程中，AIGC 搭建的实时信息共享平台促进了设计团队、工程师、生产部门和市场营销人员之间的高效协同，见图 6-25。

设计团队上传最终设计方案和技术参数后，工程师能及时获取信息，进行生产工艺的规划和调整。例如，根据产品的结构设计，工程师利用 AIGC 模拟生产流程，优化生产工艺，选择合适的生产设备和加工工艺，确保产品的质量和生产效率。

生产部门根据 AIGC 提供的生产数据和工艺指导，进行原材料采购、生产计划安排和质量控制。通过 AIGC 的数据分析，生产部门能精准预测原材料的用量和采购时间，避免出现库存积压或缺货现象。在生产过程中，利用 AIGC 对生产设备进行实时监控，及时发现和解决生产中的问题，保证产品质量的稳定性。

市场营销人员借助 AIGC 分析市场趋势和竞争对手情况，制定有针对性的营销策略。通过对市场数据的分析，了解目标客户群体的喜好和购买习惯，确定产品的市场定位和推广渠道。例如，AIGC 分析发现年轻消费者更倾向于通过社交媒体获取产品信息，市场营销人员便加大在小红书、抖音等平台的推广力度，发布精美的产品图片和视频，吸引年轻消费者的关注。

产品上市后，AIGC 持续收集用户的使用反馈和市场数据，为产品的持续优化提供依据。根据用户反馈，对产品的功能、外观和使用体验进行改进。例如，部分用户反映产品的电源线长度不够，设计团队便在后续批次中适当增加电源线长度；还有用户建议提供更多的颜色选择，公司据此推出了多种电镀工艺颜色供用户选择，以满足不同用户的个性化需求。

"普罗旺斯"电热毛巾架（图 6-26），凭借创新的设计、卓越的性能和良好的用户体验，在市场上取得了显著的成绩。产品上市后，迅速获得消费者的认可，销量持续增长，成为上海裕暖采暖设备有限公司的明星产品。该案例充分展示了 AIGC 技术在家具设计从需求分析到生产优化全流程中的巨大优势，为家具行业的创新发展提供了成功范例，推动家具设计朝更加智能化、个性化和高效化的方向迈进。

图 6-26
"普罗旺斯"电热
毛巾架实物图

思考与练习

（1）AIGC 技术如何重塑家具设计的传统流程？请结合实际案例，分析 AIGC 技术在需求分析、概念设计、详细设计和验证阶段的具体应用，讨论其对设计效率和质量的提升作用。

（2）假设你正在参与一个家具设计项目，如何利用 AIGC 技术实现智能化协同设计？请结合实际案例，分析 AIGC 技术如何帮助设计师、工程师和市场营销人员更好地协作，提升设计的市场竞争力。

（3）在 AIGC 技术的支持下，家具设计的未来发展方向是什么？请结合本章内容，讨论智能化设计流程、跨领域融合、个性化定制和全球化趋势对家具设计行业的影响。

第 7 章

人工智能赋能设计的未来展望与挑战

随着人工智能技术的飞速发展，AIGC 在设计领域的应用已经展现出巨大的潜力和价值。从创意构思到视觉呈现，从功能优化到用户体验，AIGC 使设计行业产生了前所未有的变革。然而，与所有新兴技术一样，AIGC 在赋能设计的同时，也面临诸多挑战。

7.1　AIGC 赋能设计的未来展望

展望未来，AIGC 将在设计领域产生更加深远的影响力，重塑设计流程、激发创意突破、推动个性化定制的普及，并在全球化与文化多样性之间找到平衡等，见图 7-1。

7.1.1　更加智能化的设计流程

未来，AIGC 将深度融入设计的各个环节，实现从需求分析到方案生成、从细节优化到最终呈现的全流程智能化。通过自然语言处理和机器学习技术，AIGC 能够更精准地理解用户需求，自动生成符合用户期望的设计方案，并根据反馈进行实时优化。这种智能化的设计流程将极大地提高设计效率和质量，减少人工干预，使设计过程更加高效、精准和个性化。

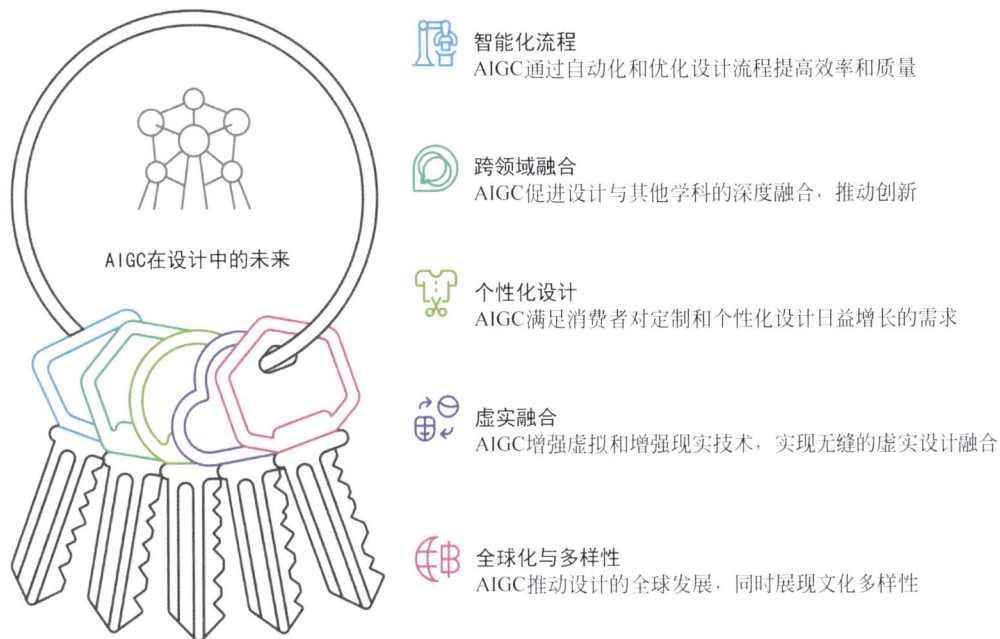

智能化流程
AIGC通过自动化和优化设计流程提高效率和质量

跨领域融合
AIGC促进设计与其他学科的深度融合，推动创新

个性化设计
AIGC满足消费者对定制和个性化设计日益增长的需求

虚实融合
AIGC增强虚拟和增强现实技术，实现无缝的虚实设计融合

全球化与多样性
AIGC推动设计的全球发展，同时展现文化多样性

图 7-1
AIGC 驱动设计创新的未来趋势

例如，在需求分析阶段，AIGC 可以通过大数据分析和自然语言处理技术，快速收集和整理用户的需求信息，构建详细的用户画像。这将帮助设计师更准确地把握用户需求，避免设计的盲目性。在方案设计阶段，AIGC 能够基于海量的设计案例和数据，快速生成多种设计概念草图，并根据用户反馈进行优化。这种快速迭代的能力将使设计过程更加灵活和高效，能够更好地适应市场的快速变化。

7.1.2　跨领域融合与创新

AIGC 将打破传统设计领域的界限，促进设计与其他学科的深度融合。这种跨领域融合将为设计带来更多的创新可能性，推动设计行业朝多元化和专业化方向发展。

在设计与人体工程学的结合方面，AIGC 可以通过对大量人体工程学数据的学习，生成使人体感觉更舒适的设计。在设计与材料科学的结合方面，AIGC 可以通过对新型材料性能和应用的学习，探索材料在设计中的创新应用。例如，AIGC 可以为设计师提供新型材料的性能分析和应用建议，帮助设计师更好地利用材料特性进行设计。

在设计与环境科学的结合方面，AIGC 可以通过对可持续发展数据的学习，推动可持续设计的发展。例如，AIGC 可以为设计师提供环保材料的选择建议和可持续设计的优化方案，帮助设计师设计出更环保、更可持续的产品。此外，AIGC 还将促进设计与人工智能、物联网、大数据等技术的融合，创造出更具智能化和互动性的设计作品。

7.1.3　个性化与定制化设计的普及

随着消费者需求的日益多样化和个性化，AIGC 将成为实现个性化设计的重要工具。通过深度学习用户的行为数据和偏好信息，AIGC 能够为每个用户提供独一无二的设计方案。这种个性化设计将满足消费者对独特性和个性化的追求，提升产品的市场竞争力。

在个性化设计中，AIGC 可以通过对用户数据的分析，生成符合用户个性化需求的设计方案。这种个性化设计不仅能够满足用户的需求，还能够提升用户对产品的满意度和忠诚度。

此外，AIGC 还可以通过虚拟现实和增强现实技术，为用户提供沉浸式的个性化设计体验。用户可以在虚拟环境中预览设计方案，实时调整设计细节，直到找到最符合自己需求的设计方案。这种沉浸式的设计体验将极大地提升用户的参与度和满意度，推动个性化设计的普及。

7.1.4　虚拟与现实的无缝融合

AIGC 将推动虚拟现实（VR）和增强现实（AR）技术在设计中的广泛应用，实现虚拟与现实的无缝融合。这种融合将为设计带来更多的创新可能性，提升设计的直观性和用户体验。

在设计创作中，AIGC 可以利用 VR 技术为设计师提供沉浸式的设计环境。设计师可以在虚拟环境中进行设计创作，实时调整设计细节，感受设计方案的实际效果。这种沉浸式的设计环境将极大地提升设计的直观性和效率，减少设计与实际应用之间的偏差。

在设计展示中，AIGC 可以利用 AR 技术为用户提供沉浸式的设计体验。用户可以在现实场景中预览设计方案，感受设计方案的实际效果。这种沉浸式的设计体验将极大地提升用户的参与度和满意度，推动设计的广泛应用。

7.1.5　全球化与文化多样性

AIGC 将促进设计的全球化发展，同时推动文化多样性的保护与传承。通过互联网和大数据，AIGC 能够快速学习和融合不同国家和地区的文化元素，生成具有全球视野的设计作品。这种全球化的设计将满足不同文化背景用户的需求，提升设计的市场竞争力。

在文化多样性方面，AIGC 可以通过对本土文化数据的学习，挖掘和利用本土文化资源，将传统文化与现代设计相结合，创造出既有国际视野又具本土特色的设计作品。这种文化多样性的设计将保护和传承本土文化，提升设计的文化内涵和艺术价值。

7.2　AIGC 赋能设计面临的挑战

尽管 AIGC 技术为设计行业带来了前所未有的机遇和变革，但其发展过程中也面临诸多挑战，这些挑战不仅涉及技术层面，还涵盖了伦理、社会、法律以及用户心理等多个维度。如何应对这些挑战，将在很大程度上决定 AIGC 技术能否在设计领域实现可持续发展，并真正成为推动设计行业进步的核心力量。以下是 AIGC 赋能设计过程中所面临的主要挑战及其对行业的影响，见图 7-2。

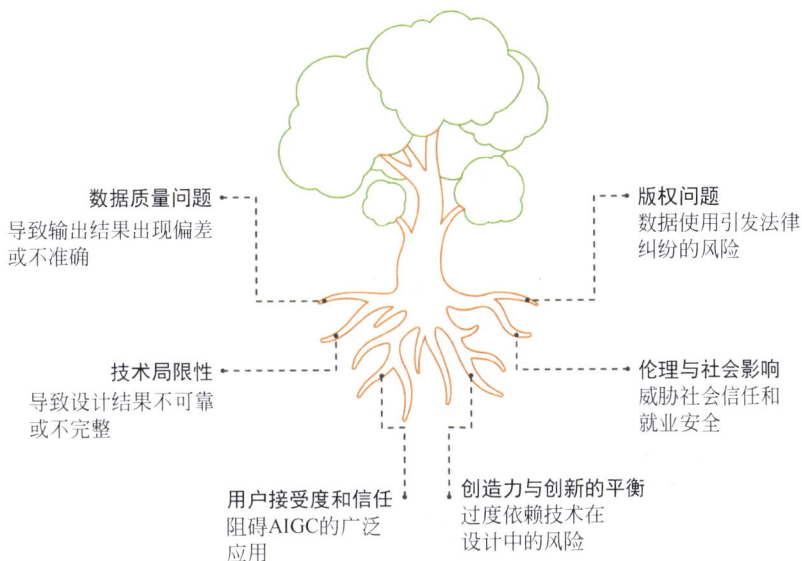

数据质量问题
导致输出结果出现偏差或不准确

版权问题
数据使用引发法律纠纷的风险

技术局限性
导致设计结果不可靠或不完整

伦理与社会影响
威胁社会信任和就业安全

用户接受度和信任
阻碍AIGC的广泛应用

创造力与创新的平衡
过度依赖技术在设计中的风险

图 7-2
AIGC 赋能设计面临的挑战

7.2.1　数据质量和版权问题

AIGC 的性能高度依赖训练数据的质量和多样性。然而，目前的数据收集和标注过程中仍存在诸多问题，如数据有偏差、数据不完整、数据标注不准确等，这些问题可能导致生成的设计内容存在偏差或不符合实际需求。此外，数据版权问题也是 AIGC 面临的重要挑战之一。许多数据来源可能涉及版权保护，未经授权的使用可能导致法律纠纷。

数据质量问题是 AIGC 技术面临的核心挑战之一。高质量的数据是 AIGC 生成高质量内容的基础，但目前的数据收集和标注过程中存在诸多问题。数据偏差可能导致生成内容不公平或不准确，数据不完整可能导致生成内容缺失或不连贯，数据标注不准确可能导致生成内容出现误解或误导。因此，如何确保数据的准确性、完整性和可靠性，是 AIGC 技术亟待解决的问题。

数据版权问题是 AIGC 技术面临的另一个重要挑战。许多数据来源可能涉及版权保护，未经授权的使用可能导致法律纠纷。AIGC 技术需要大量的数据进行训练，但这些数据的使用必须符合版权法律法规。未经授权的数据使用可能导致法律风险，影响 AIGC 技术的健康发展。因此，如何确保数据的合法使用，也是 AIGC 技术需要面对的重要课题。

7.2.2　技术局限性与可靠性

尽管 AIGC 技术已经取得了显著进展，但目前的技术仍存在一定的局限性。例如，生成的图像或设计内容可能存在细节缺失、考虑不周全、逻辑不连贯或不符合物理规律等问题。例如，有的儿童家具趣味十足、充满童趣，但是没有考虑在吸引儿童爬上爬下过程中的安全隐患，见图 7-3。

图 7-3
AIGC 生成的儿童家具设计

　　此外，AIGC 系统在处理复杂任务时的可靠性和稳定性仍需进一步提高。例如，在面对复杂的用户需求或大规模数据处理时，系统可能出现性能瓶颈或生成结果不理想的情况。因此，如何提升 AIGC 技术的性能和可靠性，是技术开发者需要解决的重要问题。

7.2.3　伦理与社会影响

　　AIGC 技术的应用引发了诸多伦理和社会问题。例如，AIGC 生成的内容可能被用于虚假信息传播、恶意篡改或误导公众，对社会信任和信息安全造成威胁。此外，AIGC 技术的发展也可能导致部分设计岗位的消失，对就业市场产生冲击。因此，如何在技术发展的同时，确保其符合伦理道德和社会利益，是 AIGC 技术需要面对的重要课题。

7.2.4　用户接受度与信任问题

　　尽管 AIGC 技术在设计中的应用前景广阔，但用户的接受度和信任度仍是影响其推广效果的关键因素。许多设计师和用户对 AIGC 生成的设计内容的可靠性和质量持怀疑态度，担心其无法满足复杂的设计需求或缺乏人类设计师的创造力和情感表达。此外，用户对 AIGC 技术的使用门槛和学习成本也存在担忧。因此，如何提高用户对 AIGC 技术的接受度和信任度，是其广泛应用的重要前提。

7.2.5　创意与创新的平衡

　　AIGC 技术虽然能够快速生成大量的设计内容，但其生成的内容往往基于已有的数据和模式，缺乏真正的创新性和独特性。设计师在使用 AIGC 工具时，需要在利用其高效性和便捷性的同时，保持自身的创意和创新能力，避免过度依赖技术而偏离设计的本质。因此，如何在 AIGC 技术的辅助下，实现创意与创新的平衡，是设计从业者需要思考的重要问题。

7.3　应对挑战的策略与建议

　　面对 AIGC 赋能设计过程中所面临的诸多挑战，我们必须采取积极有效的策略和措施，以确保这项技术能够健康、可持续地发展，并真正为设计行业带来变革与创新。图 7-4 是一些应对挑战的具体策略与建议，旨在为 AIGC 技术在设计领域的广泛应用提供支持和保障。

跨学科人才
培养设计与AI的
结合技能

数据治理与版权
确保数据的合法性
和质量

用户体验
提高用户接受度和
信任度

技术优化
提升算法和模型的
性能

伦理规范
建立符合社会价值观的
指导原则

图 7-4
应对挑战的策略与建议

7.3.1　加强数据治理与版权保护

　　为了确保 AIGC 技术的健康发展，必须加强数据治理和版权保护。一方面，建立严格的数据质量标准和审核机制，确保数据的准确性、完整性和可靠性。另一方面，完善数据版权法律法规，加强对数据使用的监管，确保数据被合法使用。同时，鼓励数据共享和开放，促进数据资源的合理利用。

　　数据治理是确保 AIGC 技术健康发展的重要基础。建立严格的数据质量标准和审核机制，确保数据的准确性、完整性和可靠性。数据治理包括数据收集、数据标注、数据清洗、数据存储和数据管理等多个环节。建立数据质量标准和审核机制，可以有效减少数据偏差、数据不完整和数据标注不准确等问题，提升数据的质量和可靠性。

　　版权保护是 AIGC 技术健康发展的重要保障。完善数据版权法律法规，加强对数据使用的监管，确保数据被合法使用。数据版权保护包括数据来源的合法性、数据使用的授权、数据的保护措施等多个方面。通过完善数据版权法律法规，可以有效减少未经授权的数据使用，保护数据所有者的合法权益。

7.3.2　持续优化技术性能

技术开发者应不断优化 AIGC 算法和模型架构，提高其生成内容的质量和可靠性。引入更先进的机器学习技术和深度学习模型，可以提升 AIGC 系统在处理复杂任务时的性能和稳定性。此外，加强技术研发投入，探索新的技术突破，如多模态融合、自适应学习等，以应对未来设计需求的多样化和复杂化。

技术优化是提升 AIGC 性能的重要手段。技术开发者应不断优化 AIGC 算法和模型架构，提高其生成内容的质量和可靠性。通过引入更先进的机器学习技术和深度学习模型，提升 AIGC 系统在处理复杂任务时的性能和稳定性。技术优化包括算法改进、模型优化、性能提升等多个方面。不断优化 AIGC 技术，可以有效减少生成内容的细节缺失、逻辑不连贯或不符合物理规律等问题，提升生成内容的质量和可靠性。

技术研发是 AIGC 技术发展的核心动力。加强技术研发投入，探索新的技术突破，如多模态融合、自适应学习等，以应对未来设计需求的多样化和复杂化。技术研发包括新技术的探索、新模型的开发、新应用的拓展等多个方面。加强技术研发，可以有效提升 AIGC 技术的性能和可靠性，推动 AIGC 技术的广泛应用。

7.3.3　建立伦理与社会规范

在 AIGC 技术的发展过程中，必须建立相应的伦理和社会规范，确保其符合人类的价值观和社会利益。制定明确的伦理准则，规范 AIGC 技术的使用范围和应用场景，防止其被用于不当目的。同时，加强公众教育和宣传，提高社会对 AIGC 技术的认知和理解，促进其健康、可持续地发展。

伦理规范是 AIGC 技术健康发展的重要保障。制定明确的伦理准则，规范 AIGC 技术的使用范围和应用场景，防止其被用于不当目的。伦理规范包括虚假信息传播、恶意篡改、误导公众等多个方面。制定伦理准则，可以有效减少 AIGC 技术对社会信任和信息安全的威胁，确保其符合伦理道德和社会利益。

公众教育是提升社会对 AIGC 技术认知和理解的重要手段。加强公众教育和宣传，提高社会对 AIGC 技术的认知和理解，促进其健康、可持续地发展。公众教育包括技术原理的普及、应用场景的介绍、伦理问题的讨论等多个方面。加强公众教育，可以有效提升社会对 AIGC 技术的认知和理解，促进其健康、可持续地发展。

7.3.4　提升用户体验与信任度

用户体验是提升用户对 AIGC 技术接受度和信任度的重要基础。简化 AIGC 工具的操作流程，降低使用门槛，使其更加易于上手和使用。用户体验包括操作界面的友好性、操作流程的简洁性、使用成本的合理性等多个方面。提升用户体验，可以有效减少用户对AIGC 技术的使用障碍，提升其在设计领域的应用范围。

用户信任是 AIGC 技术广泛应用的重要前提。通过案例展示和成功应用，增强用户对AIGC 技术的信心，促进其在设计领域的广泛应用。用户信任包括技术的可靠性、生成内容的质量、使用效果的满意度等多个方面。增强用户信任度，可以有效提升用户对 AIGC技术的接受度和信任度，促进其在设计领域的广泛应用。

7.3.5　培养跨学科人才

AIGC 技术的发展需要跨学科人才的支持。高校和培训机构应加强相关课程设置，培养既懂设计又懂人工智能技术的复合型人才。通过跨学科教育和实践项目，提升设计师对AIGC 技术的理解和应用能力，同时培养技术开发者对设计领域的认知和创新能力，促进二者的深度融合。

跨学科教育是培养 AIGC 技术人才的重要手段。高校和培训机构应加强相关课程设置，培养既懂设计又懂人工智能技术的复合型人才。跨学科教育包括课程设置的优化、教学方法的创新、实践项目的开展等多个方面。通过跨学科教育，可以有效提升设计师对 AIGC技术的理解和应用能力，同时培养技术开发者对设计领域的认知和创新能力。

实践项目是提升 AIGC 技术人才实践能力的重要途径。通过实践项目，可以将理论知识与实际应用相结合，提升人才的实践能力和创新能力。实践项目包括企业实习、项目合作、创新创业等多个方面。通过实践项目，可以有效提升人才的实践能力和创新能力，促进 AIGC 技术的广泛应用。

思考与练习

（1）AIGC 技术在家具设计中的应用已经展现出巨大的潜力。请结合本章内容，讨论 AIGC 技术在未来 5～10 年可能实现的突破，例如在智能化设计流程、跨领域融合和个性化定制方面的创新应用。

（2）AIGC 技术的发展带来了新的机遇，同时也带来了新的挑战。请结合本章内容，分析 AIGC 技术在家具设计中可能面临的挑战，例如数据质量、版权问题、技术局限性和伦理问题，并提出相应的解决策略。

（3）假设你是一名家具设计行业的从业者，如何利用 AIGC 技术提升自己的竞争力？请结合本章内容，讨论如何通过持续学习、技术应用和跨学科合作，适应 AIGC技术带来的行业变革。

参 考 文 献

[1] 胡景初.家具设计概论 [M].北京：中国林业出版社，2011.

[2] 彭亮，柳毅.家具设计 [M].北京：中国美术学院出版社，2023.

[3] 许柏鸣.家具设计 [M].北京：中国轻工业出版社，2019.

[4] 刘文金，唐立华，邓昕.家具设计 [M].长沙：湖南大学出版社，2020.

[5] 王世襄.明式家具珍赏 [M].北京：文物出版社，2003.

[6] 王世襄.明式家具研究 [M].北京：生活·读书·新知三联书店，2007.

[7] 王所玲.家具制造实训 [M].济南：济南出版社，2013.

[8] 郑建启，刘杰成.设计材料工艺学 [M].北京：高等教育出版社，2007：26-204.

[9] 梅尔·拜厄斯.50 款床 [M].孙硕，译.北京：中国轻工业出版社，2000：32-37.

[10] 梅尔·拜厄斯.50 款椅子 [M].劳红娟，译.北京：中国轻工业出版社，2000：127-132.

[11] 桂元龙，徐向荣.工业设计材料与加工工艺 [M].北京：北京理工大学出版社，2007：12-76.

[12] 江湘云.设计材料及加工工艺 [M].北京：北京理工大学出版社，2003：272-317.

[13] 薛坤，王所玲，黄永健.非木质家具制造工艺 [M].北京：中国轻工业出版社，2012：98-131.

[14] 石大伟.米兰家具 [M].南京：江苏人民出版社，2011.

[15] 杨静.人体工程学 [M].北京：中国美术学院出版社，2020.

[16] 张月.室内人体工程学 [M].北京：中国建筑工业出版社，1999.

[17] 黑川雅之.椅子与身体 [M].邓超，译.北京：中信出版集团，2020.

[18] 菲奥娜·贝克，基斯·贝克.世纪家具 [M].彭雁，詹凯，译.北京：中国青年出版社，2002.

[19] 高敬鹏.深度学习：卷积神经网络技术与实践 [M].北京：机械工业出版社，2020.

[20] 薛志荣.AI 改变设计：人工智能时代的设计师生存手册 [M].北京：清华大学出版社，2019.

[21] 姚期智.人工智能 [M].北京：清华大学出版社，2022.

[22] 周志敏，纪爱华.人工智能：改变未来的颠覆性技术 [M].北京：人民邮电出版社，2017.

[23] 宋楚平，陈正东.人工智能基础与应用 [M].北京：人民邮电出版社，2023.

[24] 李德毅，于剑.人工智能导论 [M].北京：中国科学技术出版社，2018.

[25] 冯子轩.生成式人工智能应用理的伦立场与治理之道：以 ChatGPT 为例 [J].华东政法大学学报，2024，27（1）：61-71.

[26] 亨利·基辛格，埃里克·施密特，丹尼尔·胡滕洛赫尔.人工智能时代与人类未来 [M].胡利平，风君，译.北京：中信出版社，2023.